大飞机出版工程

总主编　顾诵芬

航空航天
基础实验教程

Fundamental Experiments of
Aeronautics and Astronautics

吕新颖　张晓晖　余文胜　编著

上海交通大学出版社
SHANGHAI JIAO TONG UNIVERSITY PRESS

内容提要

　　本教材包括热力学实验、流体与空气动力学实验、固体力学与结构实验、推进系统实验、自动控制实验、振动实验和虚拟仿真实验等 7 部分内容,涵盖了航空航天工程专业核心课程的基础实验内容,每个实验包括实验设备、实验原理、实验前准备、实验步骤、实验数据处理和思考与讨论等内容,学生可以通过预习教材和观看实验操作视频快速熟悉实验流程,进而有更充足的时间获得多组实验数据,与理论课程内容进行对比分析,有助于对关键知识点的掌握和凝练。本教材适用于航空航天、力学、材料、机械、控制等相关专业的部分课程的实验教学。

图书在版编目(CIP)数据

　　航空航天基础实验教程/吕新颖,张晓晖,余文胜
编著. 一上海:上海交通大学出版社,2025.1 — ISBN
978 - 7 - 313 - 31967 - 8

　　Ⅰ.Ⅴ-33

　　中国国家版本馆 CIP 数据核字第 2024HJ0530 号

航空航天基础实验教程
HANGKONG HANGTIAN JICHU SHIYAN JIAOCHENG

编　著　者:吕新颖　张晓晖　余文胜

出版发行:上海交通大学出版社　　　　　　　地　　址:上海市番禺路 951 号

邮政编码:200030　　　　　　　　　　　　　电　　话:021 - 64071208

印　　制:上海新华印刷有限公司　　　　　　经　　销:全国新华书店

开　　本:710mm×1000mm　1/16　　　　　印　　张:9.5

字　　数:161 千字

版　　次:2025 年 1 月第 1 版　　　　　　　印　　次:2025 年 1 月第 1 次印刷

书　　号:ISBN 978 - 7 - 313 - 31967 - 8　　　音像书号:ISBN 978 - 7 - 88941 - 692 - 4

定　　价:49.00 元

前　　言

　　本教材的形成源于航空航天工程专业人才培养计划，实验内容独立设课，其中"航空航天实验Ⅰ"是面向航空航天工程专业本科生开设的专业基础实验课程，已完成市级重点课程建设、校级全英文课程建设和校级课程思政建设等。

　　为了便于学生开展实验课程学习和专业素养提升，我们从动力学与控制、空气动力学、推进系统、结构强度、系统工程等五大方向规划、设计实验内容，注重基础、突出重点、线上线下相补充，形成了七章实验内容。余文胜负责教材整体规划和设计，吕新颖负责第一至第五章，张晓晖负责第六和第七章，书中图表由吕新颖、张晓晖和严水清博士共同完成。

　　感谢学校教材立项项目和上海交通大学出版社对教材出版的大力支持和资助。作者水平有限，书中有不妥之处欢迎批评指正。

作者

目　　录

1　热力学实验

　　航空航天专业热力学理论学习要点对应的实验包含 3 部分实验内容,主要目的是介绍热力学的基本原理。从基本概念(如温度和压力测量)开始,到这些基础量之间的关系(如热力学第一和第二定律、可逆原理、熵、焓等),再到压力以及如何使用不同的技术来测量该变量、研究两种压力传感器的行为、观察阻尼对压力测量的影响等,使学生通过实验操作和对数据的整理分析对压力和压力测量的概念产生基本的了解,为后续的专业课程学习打下基础。

1.1　温度测量与校准实验

1.1.1　实验设备

　　该实验的设备是温度测量和校准设备(见图 1 - 1),本节旨在介绍温度的概念和如何使用不同的技术来测量这个变量。

　　使用高度计和装有冰水混合物的绝缘烧瓶产生精确的固定点,以水作为安全液体,按照 ITS - 90 标准进行校准。温度可变的搅拌水浴可以在将不同传感器的温度特性转换为更方便的温度单位之前进行研究。

　　铂电阻温度计提供完整的 5 点校准证书(NAMAS),提供准确的参考,其他温度计可以与参考温度计进行比较,以确定它们在固定点之间的温度下各自的特性和精

图 1 - 1　温度测量和校准实验设备

度。除了本实验中提供的温度计外，高度计还可用于校准其他范围在 $0\sim100\ ℃$ 内的温度计。

所有测量数据均可作为电压信号，通过可选接口设备直接连接到计算机（可使用计算机接口和基于 Windows 的教育软件来支持 TH1 温度测量和校准设备）。

该设备包括绝缘不锈钢容器、绝缘烧瓶、控制台、温度传感器、温度计，以及相关的电气元件/仪器，还包括各种不同的温度传感器和温度计，以全面探究何为温度、它是如何被测量的，以及可能影响温度测量精度的典型误差。

1.1.2　实验原理

简单地说，物体的温度是其冷热程度的量度。它决定了当一个物体与另一个处于不同温度的物体接触时，热能是传递给该物体还是从该物体传递出去。同一温度下的物体处于热平衡状态，不发生能量交换。

温度的测量通常是通过将一个温度敏感的探头或指示器与被测物体接触，并使其与被测物体达到热平衡来实现的。通过探针某些性质的变化将温度表示出来。这种变化可以被测量，并与传感器在已知温度下的行为进行比较。

以下技术可用来测量温度的变化。这些方法都是可行的，因为它们中的一些可测量的性质是会随温度而变化的，如电阻或体积。

1）液体填充温度计

液体填充温度计利用液体随温度升高而产生的膨胀效应制成，其中最常见的一种是储存在玻璃中的液体温度计。在这种温度计中，当温度升高时，封闭液体的膨胀大于玻璃的膨胀。

温度计由一根毛细管和一个充满液体的小球泡组成，密封管内只包含液体和液体蒸气。加热时，液体相对于玻璃容器膨胀，液柱沿管孔被推动，液柱的膨胀结果显示为线性位移。管上有一个刻度，以温度为单位进行校准可以直接读出温度。

2）双金属温度计

双金属温度计的设计缘于两种不同金属的膨胀系数不同。这些金属被固定在一个条带中，当条带受热或者冷却时，不同的膨胀系数会导致条带弯曲。将双金属条带接入一个机械指示器或记录装置，如波尔登式测量计，则条带的弯曲量可以直接对应以温度为单位的校准。

由于双金属片的特性，校准远非线性。因此，双金属温度计只适合在较短的温度范围内工作，且在低读数时灵敏度不够。在使用中，应该选择适当的量程，使压力表保持在操作限制范围内。正常操作点约为满量程读数的三分之二。

3）电阻温度计

电阻温度计由镍、铜和钨等具有良好导电性质的金属制成，它们的电阻随温度的升高而增大。铂的熔点为1772℃，沸点为3827℃，以其高可靠性广泛应用于电阻温度计领域。

该元件通常由一段经过修剪的铂丝组成，可在0℃下给出100Ω的准确电阻。电线缠绕在绝缘模子上并包以额外的绝缘层，再将整个组件包裹在一个金属护套中。

4）热敏电阻

热敏电阻采用半导体材料制成，其电阻随温度升高而减小，且电阻随温度的变化要比纯金属大得多，因此可以采用灵敏度较低的仪器完成测试。此外，还可以制造微型珠状热敏电阻，它们的热响应几乎是瞬时的，传感器和被测系统之间的热传递的影响可以忽略不计。

5）热电偶

热电偶依赖于两种不同金属的交接处存在的电动势进行测量，这种电动势随交接处温度的变化而变化。通过适当的方式将其与仪器连接起来，就可以产生一个电路，并以此来测定温度差。这种电路的结构如图1-2所示。

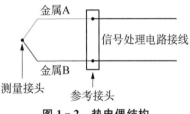

图1-2 热电偶结构

1.1.3 实验前准备

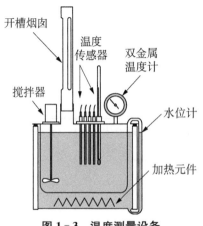

图1-3 温度测量设备

（1）检查搅拌器和加热器的开关是否都已关闭，高度计/水浴是否已冷却。

（2）取下蒸汽通风口上的开槽烟囱，并注满高度计/水浴，直到水位位于前视液镜顶部的两个标记之间。重新安装回开槽烟囱。

（3）本次实验将使用以下传感器：工业PT100、参考PT100、热敏电阻、液体玻璃温度计和双金属温度计，设备结构如图1-3所示。检查所有传感器是否牢固地固定在设备上,用手拧紧顶部的压盖螺母,小心不要损坏传感器或护套。

(4) 检查传感器是否连接到控制台,插头是否插在正确的插座上。工业PT100 传感器应使用"低"电流连接,热电偶开关应设置为"INT REF"。

(5) 将传感器载体放置在水浴的顶部,轻轻地将传感器穿过垫圈上的孔并插入。

1.1.4 实验步骤

(1) 为每个传感器取一个初始读数。如果手动记录数据,则要使用控制台上的旋转选择开关来切换参考铂电阻温度计、工业铂电阻温度计、热电偶和热敏电阻的传感器输出之间的数字显示。双金属温度计和玻璃液体温度计的读数应该直接从设备上的刻度上获取。

(2) 打开加热器和搅拌器。

(3) 随着水浴温度升高,按照 PT100 参考温度计的指示,每隔 5 ℃ 从测试传感器读取读数。

(4) 当蒸汽从蒸汽出口稳定上升时,水就达到了沸点。保持这个温度几分钟,观察传感器读数的进一步变化。确保水位不低于视液镜顶部两个标记中较低的那一个。

(5) 关掉加热器,保持搅拌器运转(这将增加水的冷却速度)。在时间允许的情况下,随着水的冷却,每隔 5 ℃ 读取一次传感器的读数。

(6) 如果冷却时间过长,则可以研究温度传感设备对温度突然变化的响应。将绝缘烧瓶注满冷水,待水浴中的水温降至 90 ℃ 时,小心迅速地将传感器载体从水浴转移到绝缘烧瓶,并每隔 5 s 记录玻璃液体温度计读数。如果需要自动记录数据,以 1 s 为间隔进行记录。

(7) 将传感器载体放回水浴中重复测量,测量温度升高时传感器的读数。

1.1.5 实验数据处理

(1) 将记录的实验数据整理归纳至表 1-1 中,分析实验数据的规律及影响因素。

表 1-1 温度测量与校准实验数据表

PT100(参考)传感器读数/℃	PT100(内置)传感器读数/℃	热电偶读数/μV	电热调节器读数/Ω	玻璃液体温度计读数/℃	双金属温度计读数/℃

（2）绘制每组传感器读数相对于 PT100 参考传感器的图表。

1.1.6 挑战与提高

最早用于军事领域的红外热成像技术目前已经广泛应用于民用、工业领域。它通过对标物进行红外辐射探测，加以信号处理、光电转换等手段，将探测物的温度分布图像转换成可视图像。将温度分布形象、直观地呈现出来是其优点，但其准确度不及热电偶等温度传感器。以 PT100 为参考传感器，设计对比方法，评估所用的红外热成像仪（海康威视 H10）的测试准确性（提示：可以研究温度准确性、线性、均匀性、测试重复性等）。

1.1.7 思考与讨论

（1）讨论每个传感器在所研究的温度范围内的响应。

（2）将加热过程中的结果与冷却过程中的结果进行比较。

（3）评价每个传感器对温度测量的适用性。讨论每种传感器的优点和局限性，包括测量的便捷性和鲁棒性（可使用列表或蛛网图的方法）。

（4）思考在选择制造每种传感器的材料时要注意哪些特性。

1.2 压力测量与校准实验

1.2.1 实验设备

如图 1 - 4 所示，该设备包括一个自重压力校准器，用于生成多个预先设定的压力，这些校准器与波尔登压力计、电子压力传感器相连接，以确保精度和线性度。自重压力校准器可在 $0 \sim 200 \, kN/m^2$ 范围内校准仪器上的压力计和压力传感器。压力传感器的电输出可以作为电压信号，通过可选接口设备直接连接到计算机上。

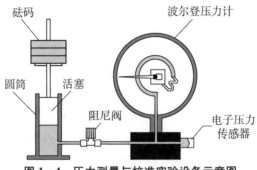

图 1 - 4 压力测量与校准实验设备示意图

波尔登压力计是一种传统的工业仪器,带有旋转刻度和机械指针。除了通常以 kN/m² 为单位校准的刻度外,该仪表还有一个"6"形刻度盘,其中包含一个用旋转度数(独立于压力单位)校准的任意刻度。可通过透明的丙烯酸视窗观察波尔登管和将波尔登管的运动转换为指针旋转的机制。

所提供的电子压力传感器包含一个半导体隔膜,当向工作流体施加压力时,该隔膜会发生形变,这种形变会产生与施加压力成正比的电压输出。压力传感器应该连接到控制台前面标有"压力传感器"的插孔中。

通过研究两种压力传感器对突然施加的压力脉冲的输出,可以获得这些传感器对自重校准装置施加的压力响应。

1.2.2 实验原理

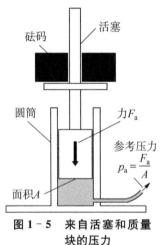

图 1-5 来自活塞和质量块的压力

压力是介质(如流体)对一个区域施加的力。在如图 1-5 所示的装置中,压力由活塞施加在液柱上,施加的总压力等于活塞作用在流体横截面上的力。

将活塞和质量块与气缸一起使用会产生可测量的参考压力,公式如下:

$$p_a = \frac{F_a}{A} \tag{1-1}$$

$$F_a = gM_a$$

式中,F_a 为施加到液体上的力;M_a 为总质量(包括活塞);A 为活塞的面积。

活塞的面积可以用直径 d 来表示:

$$A = \frac{\pi d^2}{4} \tag{1-2}$$

此处需要注意,每个变量的单位必须一致。如果 F_a 以 N 为单位,A 以 m² 为单位,d 以 m 为单位,则 p_a 的单位为 N/m²(Pa)。对于这个实验,圆柱体的面积是一个常数。因此,可以认为压力与施加到活塞上的质量成正比。

压力的测量通常与所测量流体中两点的压差有关。压力传感器的最简单形式是压力计管,其中液柱的一端位于流体中的第一个点,而另一端位于流体中的第二个点。任何压力差都会引起管内流体的位移,且位移与压差成正比。

压力计便宜、简单,并且可以覆盖很广的压力范围。然而它们最适合测量低

于 $600\,\mathrm{kN/m^2}$ 的静压,因为更大压强下产生的流体高度无法实现。然而,压力计的动态响应较差,因此适用于测量静态或缓慢变化的压力。

如图 1-6 所示的波尔登压力计是该实验装置中包含的两类传感器之一。它由椭圆形横截面的弯曲管组成。管的一端是封闭的,可以自由移动;另一端是开放的,允许流体进入,但是被固定住。管的外部保持在环境压力下,当管内流体压力超过管外压力时,管的截面趋向于变圆,从而使得整个管子变直(若内压低于环境压力,则管子会变得更扁、更弯曲)。一个简单的机械联动装置将管子自由端的运动传动到围绕表盘运动的指针处。

图 1-6　波尔登压力计的结构

第二类压力传感器是一种机电设备。在一个基本的半导体压力传感器中,硅应变片固定在隔膜的一侧。隔膜的两侧承受两种不同的压力,任何压差都会导致隔膜向低压侧膨胀,从而导致应变计的输出电压发生变化。

这种类型的传感器仍然使用膈膜,但不是把应变片直接固定在表面,而是由隔膜形变带动力转移杆,把力传递到连接有半导体电阻器的钢带的一端(见图 1-7)。钢带产生的形变会使得一些应变片受压,并导致另一些应变片受拉,从而改变这些应变片的电阻值并产生可测量的输出。

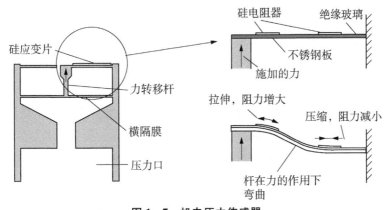

图 1-7　机电压力传感器

设置两个传感器以指示大气压力和由自重校准器加压的液柱之间的压差。液柱中的流体通过位于校准器和传感器之间的阻尼阀。通过部分关闭阀门,可以限制流体流动,这会影响压力通过流体传递到传感器的速度。

1.2.3　实验前准备

(1) 使用可调节支脚调平设备,为此提供了一个安装在自重校准器底座上的水平仪。

(2) 检查排水阀(在波尔登压力计的背后)是否关闭。

(3) 用水填充灌注容器(最好是纯净水或去离子水)。

(4) 完全打开阻尼阀和启动阀。

(5) 在活塞上没有质量的情况下,将活塞缓慢向上拉大约 6 cm 的距离(即活塞的一个冲程),这会将水抽入系统中。

(6) 用力向下驱动活塞,将气缸中的空气排回到灌注容器中。

(7) 重复这两个步骤直到系统中不再有气泡。提升歧管和灌注容器之间回流管的中央部分将有助于防止活塞升起时空气被吸入系统。

(8) 将活塞提升到靠近气缸顶部的位置,注意不要将其提升到足以让空气进入的高度。在这之后,关闭灌注阀门。

1.2.4　实验步骤

(1) 实验设备设计为在 $0 \sim 200\,kN/m^2$ 的压力范围内操作,超过这个范围可能会导致设备损坏。为避免此类损坏,请勿在启动阀门关闭时对活塞杆顶部施加持续压力,除非使用所提供的质量块。当在低于 $200\,kN/m^2$ 的流体压力下运行时,可以对活塞施加脉冲,之后的内容会讲到。

(2) 观察压力传感器的传动指示行为。

(3) 旋转气缸中的活塞,以尽量减少活塞和气缸壁面之间的摩擦效应。

(4) 当活塞旋转时,记录波尔登压力计指针移动的角度以及电子压力传感器的电压输出。

(5) 在活塞上施加一个 0.5 kg 的质量块,旋转活塞并获得波尔登压力计和电子压力传感器的第二组读数。

(6) 以 0.5 kg 的增量重复该过程。使用多个砝码时,必须将 2.5 kg 的质量块放在其他质量块之上。

(7) 重复该过程,同时以 0.5 kg 的减量再次移除质量块,将这组数据与上组数据做平均可以减小误差。

(8) 人工上下扰动砝码,观察阻尼的影响。

(9) 给活塞施加一个单一的质量块,然后旋转。当活塞旋转时,用手心敲击活塞杆的顶部一次,从而对活塞的顶部施加一个脉冲。观察波尔登压力计指针的行为,并注意响应稳定后传感器的最终读数。

(10)稍微关闭阻尼阀,改变质量,再次旋转活塞,并对杆施加脉冲。观察传感器响应的变化。

(11)重复该过程,每次关闭阻尼阀一点,记录传感器的响应和最终读数。

1.2.5　实验数据处理

(1)将实验结果列入表1-2中。

表1-2　压力测量与校准实验数据表

施加于标准器的 质量 M_m/kg	波尔登压力计指针 偏转角/(°)	电子压力传感器 输出/mV	传感器行为 说明(振荡)

(2)绘制每个传感器响应与施加质量的关系图。

1.2.6　思考与讨论

(1)描述每个传感器在施加压力时的行为,包括每个传感器的线性度和响应速度。

(2)描述施加压力脉冲时的行为,描述当阻尼阀关闭或增加时响应的变化,估计阻尼达到什么程度传感器响应会失效。

(3)对每个传感器适用的应用类型做出评价。

1.3　理想气体扩散实验

1.3.1　实验设备

如图1-8～图1-10所示,该设备是一套理想气体膨胀装置,包含两个相互连接的有机玻璃刚性容器,一个用于在一定压力下操作,一个用于在真空下操作。两者之间有阀门,可以单独使用某个容器或同时使用两个容器来评估不同的热力学过程。压力传感器与每个容器相连,每个容器中内置温度传感器。所有测量的温度及压力信号都以电信号的形式直接传到计算机。

设备包括安装在公共底板④上的落地式互连刚性容器、用于在压力下操作

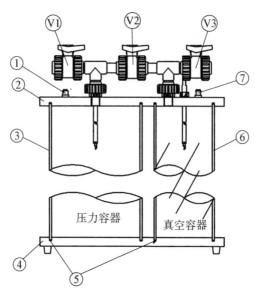

1、7—释压阀；2—顶板；3—压力容器；4—公共底板；5—O形圈；6—真空容器；V1～V3—阀门。

图1-8 理想气体扩散实验设备侧视图

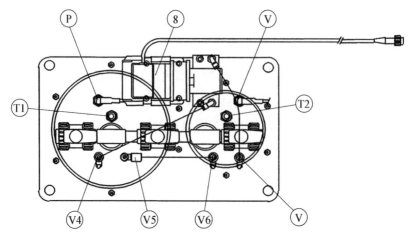

8—电动气泵；T1、T2—温度传感器；P—压力传感器；V—压力计；V4～V6—阀门。

图1-9 理想气体扩散实验设备俯视图

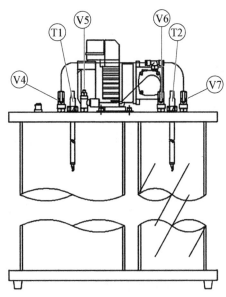

T1、T2—温度传感器;V4~V7—阀门。

图 1-10 理想气体扩散实验设备后视图

的较大容器③、用于在真空下操作的较小容器⑥、独立的电动气泵⑧连同顶板②上的阀门和抽头,可以根据需要对适当的容器加压或排空。这些容器可以单独使用,也可以同时使用,以便对不同的热力学过程进行评估。压力传感器(P和V)(传感器的范围为±34.48 kN/m²)通过顶板②连接到每个容器,每个容器内的温度传感器(T1 和 T2)允许连续监测容器内空气的特性。

两个容器均由透明硬质塑料制成,用于在容器内空气和周围环境之间提供轻质隔热层,以减少加热/冷却,同时允许每个容器及其内装物合理、快速地回到环境温度。透明亚克力管的每一端都位于顶板②和底板④的凹槽中,接头由凹槽中的 O 形圈⑤密封,O 形圈由围绕每个容器的一系列拉杆压缩。

设备相关参数如表 1-3 所示。

表 1-3 压力测量与校准实验数据

大小容器标称高度/m	0.590 0
大型容器的标称横截面积/m²	0.038 0
小型容器的标称横截面积/m²	0.015 4
大型容器的近似容积/m³	0.022 4
小型容器的近似容积/m³	0.009 1

1.3.2 热容比测定

1）实验内容

本实验是一个现代版本的 Clement-Desormes 实验。对于接近标准温度和压力的空气，可确定其热容比 $\gamma = \dfrac{C_p}{C_V}$。这个实验让学生体验理想气体的性质、绝热过程和热力学第一定律，同时说明了 $p\text{-}V\text{-}T$ 数据如何用于测量其他热力学性质。

实验分两步进行。在第一步中，压力容器通过快速打开然后关闭大口径阀门来短暂减压。容器内的气体从 p_s 膨胀到 p_i 这一过程可以假设为绝热和可逆（$\dfrac{p}{T^{\frac{\gamma-1}{\gamma}}}$ 为常数）。

有人认为，这实际上是一种不可逆的膨胀，对大气压起作用。如果容器和大气之间的压差相对于大气压来说很小，那么假设不可逆过程的方程结果与假设可逆过程的结果几乎相同。因此，在所描述的实验条件下，可逆过程的假设是合理的。

然后，允许容器内的气体体积返回热平衡，达到最终压力 p_f。因此，第二步是定容过程（$\dfrac{p}{T}$ 为常数）。

2）实验原理

对于理想气体，有

$$C_p = C_V + R \tag{1-3}$$

式中，C_p 为定压热容；C_V 为定容热容；R 为理想气体常数。

对于真实气体，可以定义热容之间的关系。热容依赖于状态方程，尽管它比理想气体更复杂。热容比可以用两步法进行实验测定：

（1）从初始压力 p_s 到中间压力 p_i 的绝热可逆膨胀：$(p_s, V_{1s}, T_s) \rightarrow (p_i, V_{1s}, T_s)$。

（2）在定容 V_{1i} 下，温度恢复到初始值 T_s：$(p_i, V_{1i}, T_i) \rightarrow (p_f, V_{1i}, T_s)$。

对于可逆绝热膨胀，有

$$dq = 0 \tag{1-4}$$

根据热力学第一定律，有

$$dU = dq + dw \tag{1-5}$$

因此在扩张过程中：

$$dU = dW \text{ 或 } dU = -dW \tag{1-6}$$

在定容下,热容将温度的变化与内能的变化联系起来：

$$dU = C_V dT \tag{1-7}$$

代入式(1-6),有

$$C_V dT = -dW \tag{1-8}$$

代入理想气体定律后积分得到

$$C_V \ln\left(\frac{T_f}{T_i}\right) = -R \ln\left(\frac{V_{1f}}{V_{1i}}\right) \tag{1-9}$$

现在,对于理想气体有

$$\frac{T_i}{T_s} = \frac{p_i V_{1i}}{p_s V_{1s}} \tag{1-10}$$

因此有

$$C_V \left(\ln \frac{p_i}{p_s} + \ln \frac{V_{1i}}{V_{1s}}\right) = -R \ln\left(\frac{V_{1f}}{V_{1i}}\right) \tag{1-11}$$

重新排列并从式(1-9)代入：

$$\ln \frac{p_i}{p_s} = -\frac{C_p}{C_V} \ln \frac{V_{1i}}{V_{1s}} \tag{1-12}$$

在温度恢复到起始值的过程中,有

$$\frac{V_{1i}}{V_{1s}} = \frac{p_s}{p_f} \tag{1-13}$$

因此有

$$\ln \frac{p_s}{p_i} = \frac{C_p}{C_V} \ln \frac{p_s}{p_f} \tag{1-14}$$

重新排列以其所需的形式给出关系：

$$\frac{C_p}{C_V} = \frac{\ln p_s - \ln p_i}{\ln p_s - \ln p_f} \tag{1-15}$$

3）实验前准备

（1）打开容器顶部的球阀 V1 和 V3，确保两个刚性容器的压力为大气压。

（2）在开始实验前关闭所有其他阀门。

（3）记录容器内压力和温度的瞬时值以得到一个准确的中间瞬时压力值。

（4）记录器记录的 p 和 T 应与时间同步。

4）实验步骤

（1）用气压计记录和测量 p_{atm}。

（2）关闭球阀 V1 和 V3，打开阀门 V4。

（3）在合适的时间启动数据记录器。

（4）打开空气泵增压大容器。当 p 达到 $30\,kN/m^2$ 时关闭空气泵和阀门 V4 直到容器内的压力稳定。

（5）记录启动压力 p_s。

（6）快速打开并关闭阀门 V1 将空气排出容器。

（7）记录 p_i。

（8）使容器达到环境温度，记录最后的压力 p_f。

（9）实验可以在不同的起始压力下进行。

5）实验数据处理

将实验结果记录入表 1-4。

表 1-4　热容比测定实验数据记录表

大气压力（绝对）/(N/m²)	p_{atm}：_____
启动压力（测量值）/(N/m²)	p_{1s}：_____
启动压力（绝对值）/(N/m²)	$p_{1s,\,abs}\,(=p_s+p_{atm})$：_____
中间压力（测量值）/(N/m²)	p_i：_____
中间压力（绝对值）/(N/m²)	$p_{i,\,abs}\,(=p_i+p_{atm})$：_____
最终压力（测量值）/(N/m²)	p_f：_____
最终压力（绝对值）/(N/m²)	$p_{f,\,abs}\,(=p_f+p_{atm})$：_____

计算空气的热容比 γ：

$$\gamma = \frac{C_p}{C_V} = \frac{\ln p_{1s,\,abs} - \ln p_{1i,\,abs}}{\ln p_{1s,\,abs} - \ln p_{1f,\,abs}}$$

6）思考与讨论

（1）为什么初始膨胀过程可以被认为是绝热的？

（2）所得结果与预期结果相比如何？给出出现差异的可能原因。

1.3.3 等温过程测定体积比

1）实验内容

两个容器的体积比可以通过等温膨胀过程来确定。一个容器先增压并维持在室温，该容器的空气可以慢慢地通过针孔阀转移到另外一个容器中，该过程是等温的。利用开始和结束时的压力可以得到两个容器的体积比。

2）实验原理

假设空气是理想气体。

最终平衡压力 $p_{f, abs}$ 可由理想气体状态方程确定：

$$p_{f, abs} = \frac{mRT}{V} \tag{1-16}$$

式中，m 为两个容器中的初始质量之和，即 $m = m_1 + m_2$；V 为两个容器的总体积，即 $V = V_1 + V_2$；T 为最终的平衡温度。

代入 m 和 V：

$$p_{f, abs} = \frac{(m_1 + m_2)RT}{V_1 + V_2} \tag{1-17}$$

在阀门打开之前，两个容器都处于室温。该过程是等温的，初始温度与最终温度相同（$T = T_{1s} = T_{2s} = T_{1f} = T_{2f}$）。再次采用理想气体状态方程得出第一个容器的体积：

$$m_1 = \frac{V_1 p_{s, abs}}{RT} \tag{1-18}$$

以及第二个容器的体积：

$$m_2 = \frac{V_2 p_{s, abs}}{RT} \tag{1-19}$$

代入式(1-17)，得出：

$$p_f = \frac{\left(\dfrac{V_1 p_{1s, abs}}{RT} + \dfrac{V_2 p_{2s, abs}}{RT}\right)RT}{V_1 + V_2} \tag{1-20}$$

消去 R 和 T，然后重新排列：

$$p_f = \frac{V_1 p_{1s,\,abs} + V_2 p_{2s,\,abs}}{V_1 + V_2} \qquad (1-21)$$

将顶部和底部除以 V_2，式 $(1-21)$ 就变成：

$$p_f = \frac{\left(\dfrac{V_1}{V_2}\right) p_{1s,\,abs} + p_{2s,\,abs}}{\left(\dfrac{V_1}{V_2}\right) + 1} \qquad (1-22)$$

重新排列，得到容器体积比的方程：

$$\frac{V_1}{V_2} = \frac{p_{2s,\,abs} - p_f}{p_f - p_{1s,\,abs}} \qquad (1-23)$$

3）实验设备

在开始实验前，确保两个刚性容器的压力为大气压，可以通过打开容器顶部的球阀 V1 和 V3 来实现。关闭其他所有阀门。

需要一个数据记录器来记录容器内压力和温度的瞬时值，以得到一个准确的中间瞬时压力值。记录器记录的 p 和 T 应与时间匹配。

4）实验步骤

（1）用气压计记录和测量 p_{atm}。

（2）关闭球阀 V1 和 V3 以及 V5，打开阀门 V4。

（3）在合适的时间启动数据记录器。

（4）打开空气泵增压大容器，当 p 达到 $30\ kN/m^2$ 时关闭空气泵和阀门 V4 直到容器内的压力稳定。

（5）记录启动压力 p_s。

（6）确保针孔阀 V5 完全关闭，然后打开隔离阀 V6。慢慢地打开针孔阀 V5，让空气从大容器进入小容器。调整 V5，使得在 T_1 或者 T_2 下 p 慢慢地下降，没有大的变化。

（7）当压力 p 在大容器中下降时，小容器中的压力上升，慢慢地打开阀门 V5，减少实验持续的时间。

（8）温度和压力稳定后记录最后的压力 p_f。

5）实验数据处理

（1）在表 $1-5$ 中记录实验结果。

表 1-5　等温过程测定体积比实验数据表

实　验　类　别	实验结果
恒定温度 T/℃	
大气压力 p_{atm}/(N/m^2)	
容器一初始压力(测量值)p_{1s}/(N/m^2)	
容器一初始压力(绝对值)$p_{1s,\,abs}$/(N/m^2)	
容器二初始压力(测量值)p_{2s}/(N/m^2)	
容器二初始压力(绝对值)$p_{2s,\,abs}$/(N/m^2)	
容器的最终压力(测量值)p_{f}/(N/m^2)	
容器的最终压力(绝对值)$p_{f,\,abs}$/(N/m^2)	

（2）计算两个容器的容积比（电阻与温度的关系见表 1-6）。

表 1-6　设备用热敏电阻的电阻与温度的关系

温度/℃	电阻/Ω	温度/℃	电阻/Ω
8	3 777	24	2 082
9	3 650	25	2 000
10	3 525	26	1 921
11	3 403	27	1 845
12	3 285	28	1 772
13	3 169	29	1 702
14	3 055	30	1 635
15	2 945	31	1 570
16	2 838	32	1 509
17	2 733	33	1 450
18	2 632	34	1 394
19	2 533	35	1 341
20	2 437	36	1 291
21	2 344	37	1 244
22	2 253	38	1 199
23	2 166	39	1 158

温度/℃	电阻/Ω	温度/℃	电阻/Ω
40	1 119	44	993
41	1 083	45	969
42	1 050	50	890
43	1 020		

6）思考与讨论

（1）所得结果与预期结果相比如何？给出出现差异的可能原因。

（2）评价压力变化率对容器内空气温度的影响。

1.4　线性导热实验

1.4.1　实验设备

如图 1-11 所示,实验设备是一台线性导热仪器,该设备须与 HT10XC 计算机兼容的热传导服务单元一起使用。该单元可配置为均匀材料和恒定横截面积的简单平面墙或具有不同材料或横截面积变化的复合平面墙,以研究线性传导的热流原理。通过测量热流和温度梯度可计算材料的导热系数。

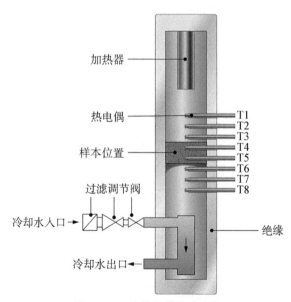

图 1-11　线性导热实验设备

线性热传导仪包括加热段(上部)和冷却段(下部),它们可便捷地连在一起,也可在中间安放可交换的过渡段(中间)。每个部位都有不同的金属导体样本,可创建不同的模型。

(1) 加热段:加热段的一端带有 1 个电热元件,额定功率为 60 W、24 V 直流电。利用 HT10XC 可调节测量电热元件的功率。设备带有 3 个热电偶(T1、T2、T3),间距为 15 mm。

(2) 冷却段:冷却段的直径为 25 mm,带有 3 个热电偶(T6、T7 和 T8)。

(3) 调压器:调压器带有过滤器,可降低压力波动。手动控制阀可改变流量,范围在 0～1.5 L/min。利用软管将冷水导入调压器侧面的齿形套圈。流量传感器直接与控制器相连,流量单位为 L/s。

(4) 热电偶:热电偶带有插头,可直接与控制器相连。3 个区域内共有 8 个热电偶(T1～T8)。珠形热电偶位于中心线上的孔内。

(5) 过渡段:过渡段为样品测试区,一共有 4 个过渡段,各段所包含的金属样本各不相同,具体样本如下:

a. 黄铜样本长 30 mm,直径为 25 mm,带有 2 个热电偶,间距为 15 mm。将它放在加热冷却区中,可测量 8 个点的温度。黄铜样本的导热系数范围为 110～128 W/(m・℃)。

b. 不锈钢样本长 30 mm,直径为 25 mm,用于演示热传导变化产生的影响。样本不带热电偶。不锈钢样本的导热系数大约为 25 W/(m・℃)。不锈钢样本的导电性较差,如果设置较高的电压,则会导致跳闸。其温度读数稳定下来所需的时间比黄铜、铝合金样本的长。

c. 铝合金样本长 30 mm,直径为 25 mm,用于演示热传导变化产生的影响。样本不带热电偶。铝合金样本的导热系数大约为 180 W/(m・℃)。

d. 直径缩小的黄铜样品:将 30 mm 长的黄铜样本缩短,用于演示横截面的变化影响。样本不带热电偶。直径缩小的黄铜样本的导热系数范围为 110～128 W/(m・℃)。

注意:热流面积的减小意味着压力过高,可能会导致跳闸。等待温度读数稳定需要一定的时间。

1.4.2　实验原理

设备加热段、中间段和冷却段夹紧在一起,并在两个黄铜压头之间夹有未知导热系数的金属试样,形成复合棒。温度分布示意如图 1 - 12 所示。

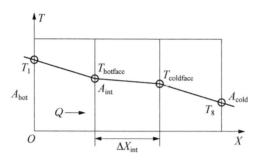

图 1 - 12   温度分布示意图

由傅里叶定律可得：

$$Q = k_{\text{int}} A_{\text{int}} \frac{\Delta T_{\text{int}}}{\Delta X_{\text{int}}} \qquad (1-24)$$

式中，

$$\Delta T_{\text{int}} = \Delta T_{\text{hotface}} - \Delta T_{\text{coldface}} \qquad (1-25)$$

ΔX_{int} 为中间样品长度$(=3\,\text{m})$，因此有

$$k_{\text{int}} = \frac{Q \Delta X_{\text{int}}}{A_{\text{int}}(\Delta T_{\text{hotface}} - \Delta T_{\text{coldface}})} \qquad (1-26)$$

热电偶 T3 和 T6 距离端面 7.5 mm，而相邻热电偶之间的距离为 15 mm，因此：
在加热段，端面（热面）的温度将低于 T_3，并可计算如下：

$$T_{\text{hotface}} = T_3 - \frac{T_2 - T_3}{2} \qquad (1-27)$$

在冷却段，端面（冷面）的温度将高于 T_6，并可计算如下：

$$T_{\text{coldface}} = T_6 - \frac{T_6 - T_7}{2} \qquad (1-28)$$

1.4.3   实验步骤

（1）打开前电源开关（如果仪表板不亮，则检查控制器和维修单元后部的所有断路器；后部的所有开关都应向上）。

（2）如果手动操作，则将选择开关设置为"手动"。如果从计算机进行远程操作，则将选择开关设置为"远程"，然后运行控制软件。

（3）打开冷却水并调节流量控制阀（不是压力调节器），流量大约为 1.5 L/min。

（4）将加热器电压设置为 9 V。如果手动操作,则调整电压控制电位计,在选择开关设置在位置 V 的情况下直至顶部面板仪表上显示 9 V 的读数。如果从计算机远程操作,则使用模拟图屏幕上的加热器控制盒调整满刻度的百分比,直到电压显示框显示 9 V。

（5）等待至设备稳定。

（6）待温度稳定后,记录表 1-7 中的内容。

（7）将加热器电压设置为 12 V 以使设备稳定运行,重复读数。

1.4.4　实验数据处理

将实验结果记录于表 1-7 中。

表 1-7　线性导热实验数据表

加热器电压 V/V	
加热器电流 I/A	
加热截面高温度 T_1/℃	
加热截面中温度 T_2/℃	
加热截面低温度 T_3/℃	
冷却截面高温度 T_6/℃	
冷却截面中温度 T_7/℃	
冷却截面低温度 T_8/℃	

比较通过试样的不同热流设置下获得的热导率 k_{int}。

绘制温度与热电偶位置的关系图,并通过加热段和冷却段的点绘制拟合直线。将每条线外推到与中间部分的连接处,然后将这两个点连接起来,通过中间部分得到梯度。所绘制的图表应与图 1-13 相似。

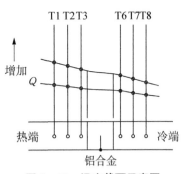

图 1-13　温度截面示意图

观察样品的温度梯度因材料的热导率增加而减小(对热流的阻力减小)的现象。测量图中样品的温度梯度,然后使用平均梯度计算热导率。将得到的值与先前计算的值进行比较。

表 1-8 中的数据为常量。

表 1-8　常量数据对应表

铝合金样本长度/mm	$\Delta X_{int} = 30$
直径/mm	$D_{int} = 25$

每两个热电偶之间的距离为 15 mm，T3 和 T6 与端面之间的距离为 75 mm。黄铜电导率约为 121 W/(m·℃)。

1.4.5　思考与讨论

讨论测量精度和设备热损失对计算结果的影响，以及各部分结果之间的差异。

2　流体与空气动力学实验

　　航空航天专业空气动力学理论的学习要点对应的实验包含 4 部分实验内容,主要目的是通过实验途径研究流体与空气的运动规律及其与相对运动物体之间的相互作用。实验从流体运动最基础的定理开始,如对伯努利定理进行观察和验证;对流动现象进行观察,如观察层流现象;到观察雷诺数对流动现象的影响等。进一步地,通过风洞实验进行定量测试,研究空气动力学中的基本问题,如风洞中物体的压力分布,圆柱绕流和不同速度(雷诺数)的钝体周围流动的可视化和压力分布研究,不同攻角下绕对称翼型的气流和压力分布,在不同速度下分别测量粗糙平板和光滑平板不同位置的边界层速度分布等。学生通过实验操作和对数据的整理分析,对流体运动规律有一个基本的了解,为后续的专业课学习打下基础。

2.1　伯努利实验

2.1.1　实验设备

　　该实验的水力模型叫作伯努利定理演示装置(见图 2-1)。该装置包含一个加工过的透明文丘里管,壁面上有一些孔洞用于测量静压力,探头沿测试段中心穿过,以获得总压头的读数。

　　装置测试部分是具有不同圆形横截面的精确加工的透明丙烯酸导管,上面有一些侧孔,这些孔与压力计相连。这些压力计可同时测量 6 个不同截面的静压头(压力计液柱的高度差),从而测量出不同截面位置的静压力[压力与压头的关系如式(2-3)所示]。测试段的尺寸与孔的位置如图 2-2 所示。

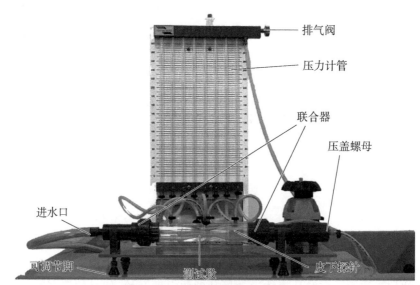

图 2-1 伯努利定理演示装置

开孔位置	压力计压头	直径/mm
A	h_1	25.0
B	h_2	13.9
C	h_3	11.8
D	h_4	10.7
E	h_5	10.0
F	h_6	25.0

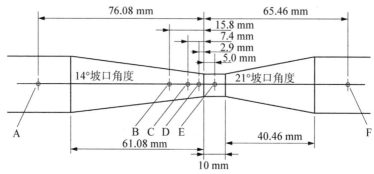

图 2-2 伯努利定理实验装置示意图

注:认为基准位置在压头 h_1 的孔 A。

装置测试部分包含两部分,一个在两端,以便反转测试段。总压探头可放置在管道的任何部分以读取总压力。测试段的下游采用流量控制阀。通过调整流量控制阀和实验台电源控制阀,可使仪器中的流量和压力独立变化。

2.1.2　实验原理

1) 伯努利方程

在已知几何形状的刚性收敛/发散管中,测量不同截面位置的流速和静压力,用于对伯努利方程进行验证。

伯努利方程代表稳定、不可压缩、无黏流的机械能守恒方程:

$$\frac{p_1}{\rho g} + \frac{v_1^2}{2g} + z_1 = \frac{p_2}{\rho g} + \frac{v_2^2}{2g} + z_2 \tag{2-1}$$

式中,p 为侧孔的静压力;v 为流体流速;z 为液体的垂直高度;$z_1 = z_2$ 代表水平管;ρ 为流体密度。该方程可通过对欧拉方程进行积分得到,也可从能量守恒推导。伯努利方程的推导超出了本实验的范围。

2) 其他形式的伯努利方程

如果管道是水平的,高度的差异可以忽略,则 $z_1 = z_2$,因此有

$$\frac{p_1}{\rho g} + \frac{v_1^2}{2g} = \frac{p_2}{\rho g} + \frac{v_2^2}{2g} \tag{2-2}$$

静压力 p 使用压力计直接从侧孔测量。压力计测得的实际上是静压头 h,其与静压力 p 的关系如下:

$$h = \frac{p}{\rho g} \tag{2-3}$$

这使得伯努利方程可表示为如下形式:

$$h_1 + \frac{v_1^2}{2g} = h_2 + \frac{v_2^2}{2g} \tag{2-4}$$

其与速度相关的部分被称为"动压头"。

3) 总压头

总压头(h_t)可以从末端的孔及朝向水流的探头中测得,该探头可将流速在探针末端减速为静止状态。

因此,$h_t = h + \dfrac{v^2}{2g}$(m),由伯努利方程可知,它遵循 $h_{t1} = h_{t2}$。

4）速度测量

流速是通过水流的体积来测量的，在一段时间 t 内，流量可表示为 $Q_v = \dfrac{V}{t}$，通过给定的截面积 A 反过来可计算该截面的流速：

$$v = \frac{Q_v}{A} \tag{2-5}$$

5）连续性方程

对于不可压缩流体，质量守恒要求体积守恒，即

$$A_1 V_1 = A_2 V_2 (\text{m}^3/\text{s}) \tag{2-6}$$

2.1.3　实验前准备

1）仪器调平

安装实验装置并使其基座水平，调平是精确测量高度所必需的。

2）设置测试段方向

确保 14°锥角的测试段方向与水流方向一致。如需调转测试段，则必须先取出总压探头。

3）连接进水口和出水口

确保装置的出水口位于容积箱上方，以便定时测量体积。将装置入口连接到水流供应口，关闭实验台阀和设备流量控制阀并打开水泵，逐渐打开实验台阀，为实验台加满水。

4）压力计排气

为了从压力采集点和压力计排出空气，关闭工作台阀、钻机流量控制阀，打开排气螺杆，从相邻的空气阀上取下阀帽。从气阀连接一段管道到容积箱，然后打开工作台阀，让流体通过压力计，从压力计中清除所有空气，然后拧紧排气螺杆，将工作台阀和实验台流量控制阀部分打开。接下来，稍微打开排气螺杆，让空气进入压力计的顶部（可能需要调整两个阀门来实现这一点）。当压力计水平达到合适的高度时，重新紧固螺钉。最大体积流量将由压力计刻度上的最大（h_1）和最小（h_5）读数决定。

如果需要，可以进一步使用排气螺杆和手泵调整调平压力计。排气螺杆可以控制气阀内的空气，因此，使用手泵时，必须打开排气螺杆。为了保持手泵在系统中的压力，泵送后必须关闭排气螺杆。

2.1.4 实验步骤

（1）设置流速。在最大流速（所有压力计液柱在管道顶部）下进行第一组读数，然后降低流速，使 h_1 与 h_5 的差约为 50 mm。最后重复整个过程，使 h_1 与 h_5 的差约为上述 2 次实验所得差值的一半。

（2）读取静压头。当水面稳定下来时，读取 $h_1 \sim h_6$ 压力计液柱的流动高度差值。确保从测试段收回总压探头。

（3）定时测量体积。使用容积箱定时收集、记录水的体积，以确定水的流量。流量的确定可通过关闭球阀和用秒表测量容积箱中积累一定体积的水所花的时间来实现，读数可从玻璃管中读取。在实验中应收集液体至少 1 min，以尽量减少计时误差。另外，在测量过程中，应从测试部分收回总压探头。如果不使用该软件，需将测试结果输入数据表，并重复此测试 2 次以检查可重复性。如果使用该软件，则按照示例中描述的步骤操作。

（4）读取总压力分布。沿测试段移动总压探头来测量总压力分布。基准是与 h_1 相连的侧孔压力。

（5）反转测试部分。确保总压探头完全从测试部分收回（但不会从下游管道中取出）。拧开两个连接器，取下测试段并反转，然后拧紧重新组装。

（6）重复以上步骤。

2.1.5 实验数据处理

记录 3 种不同流速下的读数（见表 2-1）。最后，可以反转测试段，以便查看更快速收敛部分的影响。

表 2-1 伯努利实验数据记录表

体积 V /m³	时间 T/s	流量 Q_v /(m³/s)	压力计	管口距离 D/m	管道截面积/m²	静压头 h /mmH₂O	流速 /(m/s)	动压头 h_d /mmH₂O	总压头 h_t /mmH₂O
			h_1	0	49×10^{-6}				
			h_2	603	15×10^{-6}				
（平均流量）			h_3	687	10×10^{-6}				
			h_4	732	8×10^{-6}				
			h_5	811	7×10^{-6}				
			h_6	415	49×10^{-6}				

2.1.6　思考与讨论

（1）描述在推导伯努利方程过程中所做的假设，并说明理由。在实际测试中哪个因素理想化导致的误差最大？

（2）比较并分析采用两种方法获得的总压力。

2.2　层流观测实验

2.2.1　实验设备

层流实验台是在赫尔-肖（Hele-Shaw）设备的基础上加入点源和点汇之后制成的装置，它可以全面地探究与层流相关的二维问题。通过染料喷射装置可将流动模式生动地表现出来并拍照记录。

如图 2-3 所示，该设备放置于地面上，工作台高度可调。螺母可以用于在充满水时调平工作台。工作区的入口和出口处带有玻璃纤维罐，可为液罐提供高度装置，以便快速、准确地调整水流量。工作部分由两块平板玻璃板组成，其间距由特殊隔板根据需要设置。在设备准备运行时，上部玻璃板的前缘可通过固定在此位置的手柄提升。

图 2-3　层流观测实验装置

装置带有染料喷射系统，包括一些位于入口边缘玻璃板之间的细管道。这些管道由单个歧管组成，通过向每个管道注入适量的染料溶液，可以清晰地展示流线的形状和方向。流动模式的图片可以很方便地获取，如图 2-3 所示。

水入口处的压力调节器可将其降低到所需的工作压力，并可最大限度地减少水压波动导致的流速变化。

2.2.2　实验原理

1）圆柱体周围的理想流体

圆柱体位于测试部分的中心位置，其轴与一条染料流一致，由此产生的流线模式如图 2-4 所示。圆柱体是对称的，没有漩涡或分离。圆柱体"侧面"流线的收缩表示压力降低，两个平面的图案对称性表明该情况下不产生阻力。

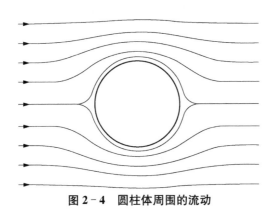

图 2-4　圆柱体周围的流动

2）流经翼型的理想流体

翼型以小攻角放置在测试段，其前缘的驻点应位于染料流附近，由此产生的流线型模式如图 2-5 所示。在翼型最厚的部分，其顶部表面的流线型间距变小，底部表面相应地加宽，表明翼型受到向上的压力。还可以观察到翼型导致的下游压力变化和下洗。实验可以重复设置不同的攻角，以演示驻点的变化。

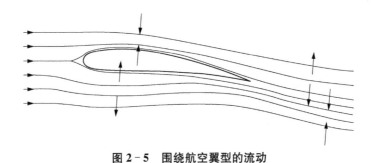

图 2-5　围绕航空翼型的流动

3）钝头体周围的理想流体

矩形块位于测试部分的中心位置，其长轴与流向平行，中央染料流应与其轴重合。

此实验旨在观察桌面上的流动情况。对于理想流体，流线型应关于中轴线对称。矩形下游表面流体分离的趋势表明流体速度过高，此时不是理想流体。

4）收敛通道中的理想流体

按照流向将一对长的通道板放置在测试段的中心，调整通道板的距离以使一定数量的染料流流入其中，收敛部分获得的流线型如图 2-6 所示。喉部的流线间距变窄表明流体速度增加，随后压力降低。调整通道板的间距进行重复实验。此外，通过倒转通道板可以更改收敛的角度。

图 2-6　在收敛通道中的流动

5）扩张通道中的理想流体

上述通道板各段的下游有一条不同的通道，图 2-7 显示了其典型的流线型模式。间距和发散角度可按照上文"收敛通道中的理想流体"中的描述进行调整。

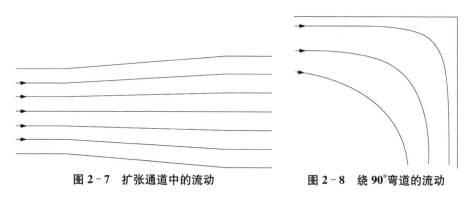

图 2-7　扩张通道中的流动　　　　**图 2-8　绕 90°弯道的流动**

6）90°弯道中的理想流体

通过恰当地放置矩形块和通道板的平面可以产生一个 90°弯道。一个典型的 90°弯道的流线型模式如图 2-8 所示。

7）通过突然收敛流道的理想流体

通过恰当地放置矩形块和通道板的平面也可以得到一个突然收敛的流道，图 2-9 所示为一个典型的流线型模式。这个理想的流动情况与上文"收敛通道中的理想流体"中的收敛部分产生的模式非常相似。

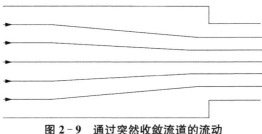

图 2 - 9 通过突然收敛流道的流动

8）通过突然扩张流道的理想流体

该情况与上文"通过突然收敛流道的理想流体"的情况相反,表现为通道宽度突然增大,由此产生的流线型模式如图 2 - 10 所示。该模式与上文"突然收敛流道中的理想流体"的逐渐收敛的模式相反。

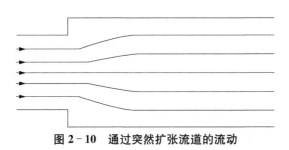

图 2 - 10 通过突然扩张流道的流动

2.2.3 实验前准备

一般来说,设备的正常运行依赖于保持水平及无油污和气泡。实验初期应检查以下几点:

（1）关闭所有的点源和点汇开关以及进水口和排水孔。

（2）确保设备上的主排水管位于合适的排水通道,或者使用柔性管子将出口连接到排水管。

（3）关闭压力调节器得到最小的水流（向上拉旋钮,完全逆时针旋转旋钮）,然后使用规格为"1/2"的软管将供水连接到调节器上的入口。确保使用软管夹固定软管。

（4）完全打开水流控制阀（逆时针旋转阀门）,然后顺时针旋转压力调节器上的旋钮使水流进入进水箱。当水填满入口并排入水箱时,调整挡水板的高度,直到流过底部玻璃的水大约深 5 mm。

（5）暂停水流，然后使用水平仪检查底部的玻璃板是否水平。

（6）重新开启水流，缓慢放下顶部的玻璃，确保其中没有气泡，然后根据需要对压力调节器进行最终调整，使两块玻璃板之间的水流达到最大，而且没有水淹没顶部玻璃。检查挡水板是否与玻璃板平行，以便使水流在工作段上分布均匀。

（7）如果设置正确，则通过调整流量阀，两片玻璃之间的水流可以在零与最大流量之间变化。不应进一步调整压力调节器以避免下游溢出。

（8）使用前应用干净的水冲洗喷油器的细管，如遇堵塞可以用细线来清除。使用前必须用 1L 去离子水或蒸馏水稀释染料包：打开蓝染料，将 1L 去离子水或蒸馏水一起倒入 1L 的瓶中，拧紧瓶盖并晃动，直到染料完全溶解。

2.2.4　实验步骤

（1）在实验中，所有水槽和阀门应关闭；应调节挡水板和入口控制阀以提供最小稳定流速；玻璃板之间不能有空气；测试段的相应低流速将提供近似理想流体的条件。调整安装染料注射系统，在测试部分插入要测试的模型时，用下层玻璃板上的网格将它们集中放置在测试区，以便与染料喷嘴对齐。放置顶部的玻璃板时应小心。

（2）放置好实验装置后，调整染料调节阀，提供精细的染料流以显示相关的流线型。小心地将喷油器滑动到所需位置，可以精细调整染料流相对于模型的位置。

2.2.5　挑战与提高

如图 2-11 所示，不同雷诺数下流经各种形状的层流流体会有所不同，尝试测量流体某个模型的雷诺数，并尝试调整流速，对比前后差别。

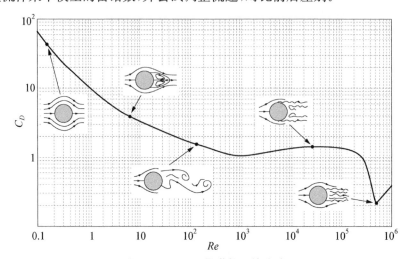

图 2-11　不同雷诺数下的流动

2.2.6　实验数据处理

记录并描述所有实验流动形式的照片。

2.3　流体雷诺数实验

2.3.1　实验设备

这是一个经典的实验,将染料注入流动稳定的管道中,使流动可视化。本实验采用奥斯本·雷诺(Osbourne Reynolds)仪器,设备如图2-12所示。

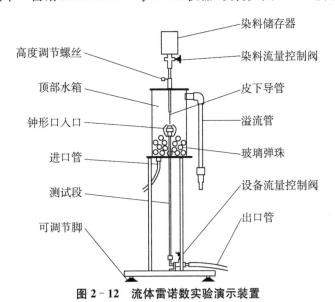

图2-12　流体雷诺数实验演示装置

1) 定位配件

该配件定位于液压工作台顶部的通道两侧的脊上。

2) 进口管

进口管连接在工作台和恒压罐的底部,玻璃弹珠可在恒压罐中流动。

3) 流动可视化管

流动可视化管装有喇叭口,以使流体顺利进入管道。

4) 流量控制阀

通过管道的流量由流量控制阀调节。使用时,该阀门应面对容积罐,并采用一段很短的柔性管道连接到阀门上防止飞溅。

5) 染料储存器和染料注入

容器中含有的染料通过导管注入管道,染料的流量由阀门控制,位置由螺丝调节。

2.3.2 实验原理

这是一个经典的实验,由奥斯本·雷诺兹在 19 世纪晚期首次完成。

一段流体可以以不同的方式展现,这取决于在它内部占主导地位的力。慢流受黏滞力的支配,趋向于良好的有序性和可预测性,称为"层流"。在层流管道中,流体呈同心层,在轴线上以最大速度相互滑动,在管壁和管内以零速度和抛物线速度分布。在层流管流动的一点上小心地注入染料,则染料会被流动拉长,形成一条清晰明确的线。层流中只可能通过分子扩散混合。

大幅度增加流速将显著改变流动特性,此时流体的惯性变得比黏性力更重要,这就是湍流。在湍流管流中,注入的染料由于流动中大量存在的横向运动而迅速混合,染料的行为显得混乱。这些运动似乎是随机的,是由流动中不稳定性的增长引起的。除非用统计术语,否则无法预测具体的行为。

两者之间还有一个中间阶段,叫作过渡流。在这一阶段,染料流将出现徘徊,并将显示间歇性的混合爆发,随后呈现为一个更偏向层流的行为。

雷诺数 Re 为描述流动提供了一种有用的方法,其定义为

$$Re = \frac{ud}{\nu} \tag{2-7}$$

式中,ν 为运动黏度,$\nu = \frac{\mu}{\rho}$,μ 为动力黏度;u 为平均流速,用体积流速表示;d 为管道的直径。

通常采用 $Re = 2\,000$ 作为区分层流和湍流的数值。然而,这没有考虑过渡区,流体也可能在雷诺数高达 $10\,000$ 或更大时仍然保持层流。此外,雷诺数小于 $1\,800$ 的管道流动本质上是层流。

2.3.3 实验前准备

(1)将装置放置在一个固定的、无振动的表面(非液压工作台)上,并确保底座是水平的,即测试段是垂直的。连接钟形口入口,小心地将弹珠添加到顶部水箱,使弹珠在低扰动的情况下流入实验段。

(2)将工作台出口管连接到封头槽进口管。连接顶部水箱溢流到液压工作台容积水箱。将出口管连接到设备流量控制阀上,并将出口管的末端在容槽上方的固定位置夹紧,以便有足够的空间插入测量筒。在实验过程中,出口管端运动会引起体积流量的变化,体积流量的变化是由扬程罐面与流出点的高度差驱

动的。

（3）启动泵。稍微打开设备流量控制阀，然后打开工作台阀，让系统注满水。特别检查流动显示管是否被正确填充。当顶部水箱水位到达溢流管时，调节工作台控制阀使其产生低溢流率。

（4）检查染料流量控制阀是否关闭。向染料库中加入染料至大约三分之二。接上皮下注射针。将染料组件固定在水槽上，打开阀门，检查染料是否可以自由流动。如果染料不能稳定流动，则可以使用所提供的笔来清洁针头。然后将染料喷射器安装在封头槽上，并降低喷射器的出口，直到喷射器的出口刚好位于钟形口入口的上方并以其轴线为中心。

（5）调整工作台阀和设备流量控制阀，使溢流率恢复为缓慢的滴流（如果需要），然后让设备至少静置 5 min 后再继续操作。

2.3.4　实验步骤

（1）将设备流量控制阀略微打开，调节工作台阀使其通过溢流管产生缓慢的滴流，调节染料流量控制阀，直到其实现缓慢的流动且染料指示清晰。为了观察层流中的速度分布，关闭工作台阀，打开染料流量控制阀，使染料滴在钟形口入口。当出口控制阀打开时，观察染料形变，应为形成三维抛物线形状。

（2）通过定时采集体积流量数据测量流出温度（测量筒内收集的水的温度）。根据表 2 - 2 中提供的数据确定运动黏度，并检查与此流型相对应的雷诺数。

表 2 - 2　大气压力下水的流动黏度

温度/℃	运动黏度/(10^6 m^2/s)	温度/℃	运动黏度/(10^6 m^2/s)
0	1.793	9	1.346
1	1.732	**10**	**1.307**
2	1.674	11	1.270
3	1.619	12	1.235
4	1.568	13	1.201
5	1.520	14	1.169
6	1.474	15	1.138
7	1.429	16	1.108
8	1.386	17	1.080

（续表）

温度/℃	运动黏度/(10^6 m²/s)	温度/℃	运动黏度/(10^6 m²/s)
18	1.053	34	0.738
19	1.027	35	0.724
20	**1.002**	36	0.711
21	0.978	37	0.697
22	0.955	38	0.684
23	0.933	39	0.671
24	0.911	**40**	**0.658**
25	0.893	45	0.602
26	0.873	50	0.554
27	0.854	55	0.511
28	0.836	60	0.476
29	0.818	65	0.443
30	**0.802**	70	0.413
31	0.785	75	0.386
32	0.769	80	0.363
33	0.753	85	0.342

（3）通过打开设备流量控制阀和重复注入染料来增加流量，以看到过渡流，然后，在最高流量下观测湍流，其特征是染料连续且非常快速地混合。当试验段流量减小时，调整工作台阀，使溢流率保持在较低水平。注意，在中间流动时，测试段的上部有可能出现层流特征，这一特征发展为较低的过渡流动。上述行为被称为"进口长度流动"，这意味着边界层还没有延伸到管道半径。

2.3.5　实验数据处理

将数据和计算结果记录在表 2-3 中（管道面积已知）。

表 2-3　雷诺数实验数据记录表

收集体积/L	收集时间/s	温度/℃	管道截面积/m²	平均流速/(m/s)	运动黏度/(m²/s)	雷诺数
			7.854×10^{-5}			

流程模式可以手工描述和绘制。

2.3.6　挑战与提高

采用合适的摄影或录像设备,对所获得的结果(层流、过渡流和湍流)进行影像记录。

对比通过影像测量的流速和通过收集流体体积测出的流速。

2.3.7　思考与讨论

(1) 实验设备允许将层流、过渡流和湍流流动模式可视化。这3种状态之间的流动模式有何不同? 观察到的流动条件是否在该条件的预期雷诺数范围内?

(2) 描述层流和湍流的速度分布。这两种类型的流动剖面是否不同?

(3) 将得到的实验结果与其相关理论研究进行比较。

2.4　风洞实验

2.4.1　实验设备

如图2-13所示,设备用于在工作台上操作,带有一个透明的工作段⑮以及一个控制风速的变速鼓风机。当工作段不安装模型时,风洞运行的速度范围原则上为0～32 m/s。其最大速度取决于安装的模型和模型所产生的阻塞(风洞所采用的模型通常是低速运行)。风洞排气端的变速鼓风机将气流输入到工作段。吸入气流经过蜂窝整流器②和收缩段③,确保经过工作段的气流畅通。

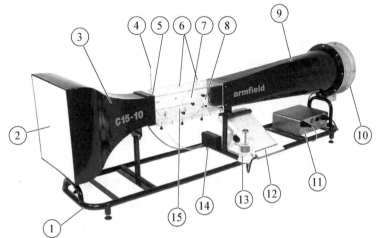

1—设备支架;2—蜂窝整流器;3—收缩段;4—L形管;5—电子压力传感器;6—设备接口;
7—圆孔;8—二级小开口;9—出口;10—鼓风机;11—电子控制台;12—斜管压力计组;
13—螺旋位移器;14—校准电子接口盒;15—工作段。

图2-13　风洞实验设备结构图

1）压力计

设备有两款压力计可供选择：十三通道斜管压力计⑫和十六通道电子控制台⑪。

斜管压力计以水为工作流体，13 根倾斜度为 30° 的透明管可测量细小的压力差别（0~160 mmH$_2$O）。每根压力计管都配有滑动光标，它们可沿着管滑动，并记录不同的水平面。当水平面发生变化时设备会保存新的读数，以便于比较结果。设备底板上的每根粗线相当于 10 mmH$_2$O，每根细线相当于 2 mmH$_2$O（由于试验管倾斜了 30°，因此读数会被放大并乘以 2）。

在使用斜管压力计⑫时，每根管的底部与通用的蓄水容器相连，管的顶部连接到风洞或是风洞内的模型。在大气压环境下（无气流），每根压力管会在底部显示相同的刻度，它与蓄水容器显示的刻度是一致的。随着气流速度的增加，风洞内的静压会下降，水会流入相应的管中，较低的压力会在压力计上产生较大的读数。

当使用电子控制台⑪时，可使用风洞设备的操作软件完整地读取记录数据。其电子控制台包含 16 个不同的压力传感器，每个传感器的测量范围在 0~178 mmH$_2$O。

当鼓风机运行时，工作段内的滞止压力与大气压非常接近，压力计的摩擦损失很小。为了与斜管压力计的结果匹配，低于大气压力的静压读数会显示为正值，因此静压会比相应的总压读数高。如需说明压力属性，则相对值可转换成绝对值。

使用斜管压力计也可记录数据，但需要人工将数据输入计算机。两个压力计可通过快拆连接器相互更换。

2）静压传感器

电子压力传感器⑤与工作剖面后面侧壁上的开孔点相连，可测量工作段内的静压，同时计算气流速度，并在计算机上显示数据。

3）圆形舱盖

很多备选的模型都需要通过圆孔⑦安装，圆孔直径为 120 mm，位于工作段的前壁上。这些模型长时间安装在舱口盖上，可封住孔（与工作段的内壁齐平，可避免气流振荡）。工作段外壁上的快拆夹可保护舱盖，并有助于快速更换模型。

4）顶部设备安装接口

工作段顶部的 3 个设备接口⑥可安装流动形象化系统或皮托静压管。这些设备接口位于工作段的入口，模型安装点的上面和下面。每个设备接口都配有阻塞器,并与工作剖面的内壁平行,在不使用接头的时候可安装阻塞器,以免干扰工作剖面内的气流。

5) 鼓风机

风洞出口处的鼓风机⑩会产生流入工作段的气流。鼓风机外面有一个防护装置,可防止人为接触旋转叶片。注意:安装模型时需谨慎,否则,模型可能会被吸入旋转鼓风机叶片,并对模型和鼓风机都造成损坏。

6) 流动显示

一条轻质的棉线穿过不锈钢制的 L 形实验管,管子安装在支撑插头上,插头可位于工作段顶部的 3 个位置。棉线符合模型周围的流动轮廓,显示在某处是否发生边界层分离,以及在何处会发生紊乱。

7) 操作软件

运行相应的 C15 软件(使用斜管压力计时运行 C15 - 11,使用电子压力计时运行 C15 - 12),检查屏幕右下角虚拟的 COM 接口是否启动(C15 - 11 显示一条信息,C15 - 12 显示两条信息)。

点击软件上的"FAN ON"按键打开电源。鼓风机准备好后,按键会显示 1。利用软件控制箱逐渐增加鼓风机速度,直至显示所需的气流速度。鼓风机启动时先保持低速,然后慢慢增加速度,并检查压力计上的读数、升阻力天平等,确保所有的配件正确组装、连接。利用向上、向下键可调整速度,也可以直接利用键盘输入速度数值。

利用软件改变鼓风机的速度可改变气流速度。鼓风机速度可设置为 0％～100％。风洞内的静压头(风洞与大气之间的压差)和气流速度(m/s)会显示在软件模拟图中。当调节速度时,由于风扇叶轮的惯性,鼓风机需要一定时间达到设定的速度,让鼓风机稳定并慢慢调整鼓风机速度,直到达到所需的设定值。

2.4.2 压力测定

1) 实验原理

皮托静压管同时测量皮托管内的总压头和静压头。如图 2 - 14 所示,皮托静压管

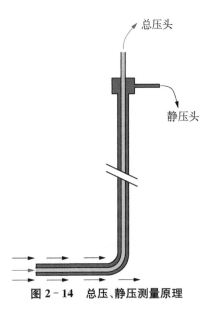

图 2 - 14　总压、静压测量原理

包含两根同心的不锈钢管,内管在顶部开口,用来测量总压头;外管带有一个圆环,用来测量静压头。皮托管的总直径为 4 mm,稳定性很好,不会干扰下游的气流;管的形状为 L 形,顶部插入液体中,这将其对测量点的干扰降到最低。

总压可定义为静压与动压的和,因此,可在测量点测量液体的动压:

$$p_{dynamic} = p_{total} - p_{static} \qquad (2-8)$$

压力计的读数与大气相关,通过压差读数可计算动压:

$$p_{total} = p_{atmos} - \Delta p_{total}$$

$$p_{static} = p_{atmos} - \Delta p_{static}$$

$$p_{dynamic} = (p_{atmos} - \Delta p_{total}) - (p_{atmos} - \Delta p_{static}) = \Delta p_{static} - \Delta p_{total} \qquad (2-9)$$

注意:风洞内的静压比大气压低,绝对压力比相对静压高,总压读数比静压小。

(1) 计算风洞空气速度。

工作剖面内的空气速度与静压之间的关系如下:

$$v = \frac{2\Delta p}{\rho_{air}} \qquad (2-10)$$

使用斜管压力计或是电子压力计可得:

$$\Delta p = \rho_m g \Delta H \qquad (2-11)$$

式中,ρ_m 为压力计液体密度(kg/m^3);g 为重力加速度($= 9.8\ m/s^2$);ΔH 为静压头和大气压头的垂直压头差(m),每条粗线相当于 10 mmH$_2$O,每条细线相当于 2 mmH$_2$O。ΔH 为 $d\sin\theta$,其中,d 为斜管压力计水平面的高度差,θ 为倾斜角(30°),$\sin 30° = \frac{1}{2}$,因此 $\Delta H = \frac{1}{2}d$(10 mmH$_2$O 刻度显示为 20 mm)。

(2) 计算风洞气流速度。

理论气流速度为

$$v = \frac{2\rho_m g \Delta H}{\rho_{air}} \qquad (2-12)$$

2) 实验前准备

(1) 风洞带有两个平滑的舱口盖。皮托静压管与中间的接头相连,短臂朝向风洞入口。其他的两个接头带有堵塞器,可安装底板。检查风洞周围,确保风洞的进出口没有障碍物,附近没有松散的物质。

(2) 与皮托管相连的两根管应该连接到压力计。将静压头测量装置与压力计上的插口 11 相连,总压测量装置从皮托管的顶端与插口 12 相连。

(3) 如果使用 C15-11 斜管压力计,则检查压力计是否装满水、水位是否适中、是否有滞留气泡。

(4) 如果使用 C15-12 电子压力计,则检查压力计是否与带有 USB 线的计算机相连。

3) 实验步骤

(1) 将皮托管放置在风洞内,使传感器靠近风洞的顶部,用螺钉将其固定。

(2) 将鼓风机速度设置为 0%,点击模拟图上的"FAN ON"按键,将其设置为等待状态。

(3) 检查静压读数(管 11)是否与大气压力读数(管 12)一致。

(4) 选择软件中的结果表,将其重命名为"50%"。

(5) 测量环境温度和实验室压力,将结果输入模拟图上相应的框中。

(6) 利用向上键,逐次增加 1%,直到鼓风机速度为 10%,以慢慢启动鼓风机。检查风洞内的所有配件是否安装好,入口与出口处的气流是否畅通无阻。逐次将鼓风机速度增加 10%,直到达到 50%。操作风洞的时候当心周围的物品,注意安全。

(7) 将鼓风机速度稳定在 50%。

(8) 如果使用 C15-11 斜管压力计,则采集管 11 和管 12 的水平面读数,将结果输入到模拟图中。

(9) 点击按键"GO"将读数输入到传感器中。

(10) 将皮托管降低 20 mm,重复采集读数。

(11) 继续逐次将皮托管降低 20 mm 并采集每个位置的读数,直到皮托管处于最低位置。

(12) 新建一个结果表,重命名为"100%"。

(13) 将鼓风机速度设置为 100%,保持稳定。

(14) 逐次将皮托管升高 20 mm,重复实验,直到它到达最高位置,记录每一次的实验数据。

(15) 慢慢关闭鼓风机:输入设定值 50%,待速度变慢之后,输入数值 20%,待鼓风机速度更慢后,利用方向键将鼓风机速度设置为 0%。

(16) 点击软件中的"FAN ON"按键,将鼓风机设置为等待状态。

（17）选择文件菜单中的"Save As"保存软件结果。给结果设定合适的名称，如设备代码、实验名称日期等，便于以后参考。

（18）关闭电源。

4）实验数据处理

在表 2-4 中记录实验结果。

表 2-4　风洞压力实验数据记录表

风扇速度/%	环境温度/℃	环境压力/Pa	风洞压头/mm	风洞压力/Pa	管 11读数/mm	管 12读数/mm	静压力/Pa	总压力/Pa	动压力/Pa	指示速度/(m/s)

5）思考与讨论

（1）静压、动压与总压之间是什么关系？

（2）利用 C15 设备进行试验时，应该考虑什么特殊因素？

（3）描述的图表形状与期望的一样吗？讨论图表形状形成的原因。

2.4.3　伯努利方程的应用

1）实验原理

根据式（2-12）计算工作段内的速度 v。

伯努利方程展示的是流体测量点速度与压力之间的关系。它将空气视为牛顿流体，并假设流体是稳定的，因此该方程不能在大流体速度或压力发生变化的情况下使用。同时该方程还假设质量是连续的。方程的基本形式可表示为

$$\int \frac{\mathrm{d}p}{\rho} + \frac{1}{2}v^2 + gz = 常数 \qquad (2-13)$$

因为空气压力或速度不会突然发生变化，因此可以假设空气是不可压缩的。在气体力学中，空气常被视为不可压缩流体，速度低于马赫数 0.3（空气中声速的 0.3 倍，大约为 100 m/s），通常这样不会产生较大误差。风洞内的最大气流速度为 32 m/s（低于安装的模型），因此可将空气视为不可压缩的气体。

最后假设工作剖面内垂直高度变化产生的压力差可忽略不计。伯努利方程表示为

$$v = \sqrt{\frac{2p}{\rho_{\text{air}}}} \qquad (2-14)$$

从方程中可看出,当速度增加时,压力会降低。因此可推断,测量值会显示静压从文丘里管的入口到窄口处逐渐减低。同时,可推断皮托管窄口处的气流速度比入口和出口处的气流速度高。

这个实验还可以研究收缩比与速度变化之间的关系,从而判断方程的准确性:

$$v_2 = \frac{v_1 \cdot A_1}{A_2} \qquad (2-15)$$

计算收缩比需要以下信息:工作剖面高 150 mm,工作剖面宽 150 mm,工作剖面面积为 22 500 mm²。具体如表 2-5 所示。

表 2-5 测试点相关数据

测试点	宽/mm	面积/mm²	$\dfrac{A_1}{A_2}$
P1	149	22 350	1
P2	13	19 860	3
P3	11	17 370	0
P4	100	15 000	0
P5	100	15 000	0
P6	100	15 000	0
P7	10	16 395	7
P8	115	17 903	6
P9	12	19 410	6
P10	13	20 910	8
P11	14	22 410	4

2) 实验前准备

(1) 拿走底板,安装文丘里管,将它升到合适的位置,注意不要损坏工作剖面内的配件。

（2）两个平滑的舱口盖应该放置在合适的地方。

（3）静压传感器应该安装到工作段顶部最上面的接头上，最好安装在工作段顶部的中心位置，短臂朝向风洞入口。将皮托管的顶端放在与工作段垂直的位置，其他两个接头装上堵塞器。

3）实验步骤

（1）将鼓风机速度设置为 0%，选择模拟图上的"FAN ON"按键，将其设置为等待状态。

（2）在速度为零时，查看压力计读数是否都一样。

（3）在软件中选择结果表，命名为"50%"。

（4）测量环境温度和实验室压力，将结果输入模拟图上相应的框中。

（5）利用向上键，逐次增加 1%，直到鼓风机速度为 10%，鼓风机会慢慢启动。检查风洞内的所有配件是否安装好，入口与出口处的气流是否畅通无阻。逐次将鼓风机速度增加 10%，直到达到 50%。

（6）将鼓风机速度稳定在 50%。

（7）如果使用 C15-11 斜管压力计，则读取管内的水平面高度，将结果输入到模拟图中。可沿着实验管移动光标，以便观察文丘里管的压力变化。

（8）选择"GO"按键输入传感器读数。

（9）移除皮托管和多余的接头。将皮托管连接到顶部中间的抽头上，使传感器位于工作段的中间，运用"GO"按键记录传感器读数。

（10）新建一个表格，命名为"100%"。

（11）将鼓风机速度设置为 100%，并让其稳定。

（12）重复传感器读数，皮托管每换一个地方，采集一次数据。

（13）如果时间允许，则设置速度在 10%～100% 之间。每设定一个速度，新建一个表格并命名。

（14）逐渐关闭鼓风机：输入鼓风机设定值 50%；鼓风机速度变慢后，输入 20%；再次变慢后，输入 0%。

（15）选择软件中的"FAN ON"按键，将鼓风机设置为等待状态。

（16）选择文件菜单中的"Save As"保存软件结果。给结果设定合适的名称，如设备代码、实验名称日期等便于以后参考。

（17）关闭设备电源。

4）实验数据处理

记录软件计算压头读数对应的压力读数，并根据皮托管读数计算气流速度。

然后,根据方程式计算皮托管的预计气流速度,并将结果进行对比。

5) 思考与讨论

(1) 将预期结果与工作段压力变化产生的结果进行对比。讨论产生实验错误的原因,提出减少错误的建议。

(2) 利用皮托静压管读数、总压头和相应的速度计算值研究简化伯努利方程的有效性。皮托管静压读数与工作段底部接头处的静压读数一致吗?可以得出简化方程描述的实际结果吗?

(3) 将伯努利方程计算得出的气流速度与收缩比计算得出的结果进行对比,两组结果有什么不同?

2.4.4 气流绕圆柱体流动研究

1) 实验原理

由式(2-12)可得工作段内的自由气流速度 v。

如果长圆柱体垂直立于空气中,且假设无损失,则圆柱体表面的气流速度为

$$v_s = 2v\sin\theta \tag{2-16}$$

式中,v_s 为表面局部速度;θ 为测量点与自由流方向所成的角度。

利用伯努利装置可得理论表面压力为

$$p + \frac{1}{2}\rho v^2 = p_s + \frac{1}{2}\rho v_s^2 \tag{2-17}$$

式中,p 为风洞静压;p_s 为圆柱测量点的表面静压力。

将式(2-16)代入式(2-17):

$$p_s = p + \frac{1}{2}\rho v^2(1 - 4\sin^2\theta) \tag{2-18}$$

式中,$p_s = p_{s,\,abs}$;$p = p_{abs}$。

使用 C15 时,测量的风洞静压力和圆柱测量点静压力为相比于大气压的相对压力。风洞绝对静压力 $p_{abs} = p_{atmos} - p_{measured}$,圆柱测量点绝对压力 $p_{s,\,abs} = p_{atmos} - p_{s,\,measured}$。

软件中显示的理论压力是所测量的相对压力:$p = p_{measured}$,$p_s = p_{s,\,measured}$。

$$(p_{atmos} - p_{s,\,measured}) = (p_{atmos} - p_{measured}) + \frac{1}{2}\rho v^2(1 - 4\sin^2\theta) \tag{2-19}$$

$$p_{\text{s, measured}} = p_{\text{measured}} - \frac{1}{2}\rho v^2 (1 - 4\sin^2\theta) \qquad (2-20)$$

$$p_s = p - \frac{1}{2}\rho v^2 (1 - 4\sin^2\theta) \qquad (2-21)$$

压力接头均匀地分布在圆柱的一边,间隔为 $20°$,接头点位置 $\theta = 0°$、$\theta = 20°$、$\theta = 40°$,直到 $\theta = 180°$。

2) 实验前准备

(1) 通过大的圆形舱盖安装实验圆柱,角度任选(第一个抽头应朝上,第二个抽头朝下)。将流动形象化试验棉线手动固定在圆柱的顶部,尾迹测量耙安装在小舱盖里。如果不使用尾迹测量耙,则应为小舱口安装舱口盖。

(2) 安装底板。检查风洞周围,确保风洞的进出口没有障碍物,附近没有可能造成危险的松散物质。

(3) 工作段侧壁压力抽头上的单管应该与黑色实验箱上的单通道快拆配件相连。

(4) 将与实验圆柱相连的 10 通道实验管安装在压力计上,如果使用尾迹测量耙,则应该首先将实验管与压力计断开。

(5) 如果使用 C15 - 11 斜管压力计,则应检查压力计是否装满水、水位是否适中、是否有滞留气泡;如果使用 C15 - 12 电子压力计,则应检查压力计是否与带有 USB 线的计算机相连。

3) 实验步骤

(1) 将鼓风机速度设置为 0%,选择模拟图上的"FAN ON"按键,将其设置为等待状态。

(2) 在速度为零时,查看压力计读数是否都一样。

(3) 在软件中选择结果表,命名为"40%"。

(4) 测量环境温度和实验室压力,将结果输入模拟图上相应的框中。

(5) 利用向上键,逐次增加 1%,直到鼓风机速度为 10%。鼓风机会慢慢启动。检查风洞内的所有配件是否安装好,入口与出口处的气流是否畅通无阻。逐次将鼓风机速度增加 10%,直到达到 40%。操作时,小心风洞周围的物品,注意安全。

(6) 将鼓风机速度稳定在 40%。

(7) 调节流动实验管的高度及实验线的长度,让其在圆柱上形成曲线。绘制或拍摄曲线。缩短实验线,直到线的一端在圆柱底部,研究产生的湍流现象

（只有使用慢速摄像机才能做到这点）。

（8）如果使用 C15‐11 斜管压力计，则读取管内的水平面高度，将结果输入到模拟图中。可沿着实验管移动光标，以便观察圆柱内的压力变化。

（9）选择"使用模板"中的"圆柱"。

（10）选择"GO"按键输入传感器读数。

（11）如果使用尾迹测量耙，则新建一个结果表，命名为"伴流 40％"。断开压力气缸，然后连接上测量耙。选择"使用模板"中的"耙"。如果使用 C15‐11，则在模拟图中输入新的压力计读数。选择"GO"按键输入传感器读数。断开尾迹测量耙，然后连接气缸。

（12）新建一个表格，命名为 60％，然后再次选择"圆柱"。

（13）将鼓风机速度增加到 60％。

（14）重复记录流动形象化和传感器读数。如果使用尾迹测量耙，则新建一个表格，命名为"伴流 60％"，将"使用模块"设置为"伴流"，连接测量耙，采集读数。

（15）设置鼓风机速度为 80％，重复实验。每次实验记得选择正确的模块采集读数，新建结果表，重新命名。

（16）逐渐关闭鼓风机：输入鼓风机设定值 50％；鼓风机速度变慢后，输入20％；再次变慢后，输入 0％。

（17）选择软件中的"FAN ON"按键，将鼓风机设置为等待状态。

（18）选择文件菜单中的"Save As"保存软件结果。给结果设定合适的名称，如设备代码、实验名称日期等便于以后参考。

（19）关闭设备电源。

4）实验数据处理

对于实验结果，采用软件计算圆柱周围每个测量点的理论压力及自由流的雷诺数。对于鼓风机的速度设置，绘制测量点的理论压力和表面压力图，记录每一次设置后的雷诺数。对于伴流测量结果，采用软件计算每个位置的压力和水流速度、自由流速度对应的雷诺数。对于鼓风机速度设置，根据位置绘制压力图。在另一个 Y 轴上绘制水流速度并记录每个图表的雷诺数。

5）挑战与提高

使用如图 2‐15 所示的计算流体动力学（CFD）分析软件 XFlow 模拟本实验内容（所需参数自行测量），并将模拟结果与实际测量结果进行对比。

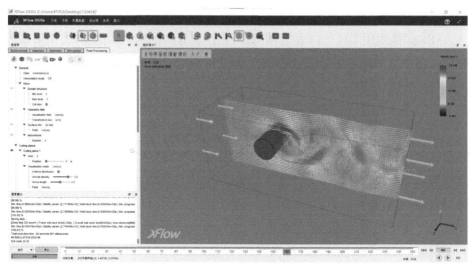

图 2 - 15　CFD 模拟

6) 思考与讨论

(1) 描述圆柱周围的气流,其流型是什么形状的? 形状是如何随着自由流速度变化的? 湍流是影响流型的重要因素吗? 流型会随雷诺数变化吗?

(2) 表面压力的理论预测结果是否与测量的压力结果一致? 理论公式的准确度会随雷诺数变化吗? 如果会,是怎样的关系?

2.4.5　阻流体和流线体阻力研究

1) 实验原理

由式(2 - 12)可得工作段内的自由气流速度 v。

(1) 阻力。

型体的运动会产生两种阻力,其中,压力阻力是空气粒子运动的变化产生涡旋和伴流的结果,而摩擦阻力是型体和周围空气层之间剪力的结果。

压力阻力和摩擦阻力形成总阻力,各自所占的比例由型体的形状决定。当摩擦阻力所占的比例大时,型体称为"流线体";当压力阻力所占的比例大时,型体称为"阻流体"。两种阻力都随雷诺数发生变化,摩擦阻力对雷诺数的变化更为敏感,因此摩擦阻力对流量的影响更大。

(2) 流型。

形体周围的环流会形成层状,这称作"层流"。另外,水流会产生涡旋、搅拌甚至是反方向的流动,这称为"湍流"。在很多情况下,形体周围会产生这两种形式的水流。

（3）边界层。

摩擦阻力的产生意味着流体对流线型体产生了作用。在这个力的作用下，流体本身的速度会变慢。流体流动越慢，阻力越大。型体附近产生的黏滞效应称为"边界层"。虽然理论上边界层是不可定义的，但实际上流体颗粒运动速度变慢（黏性效应）会缩小颗粒与型体之间的距离。通常假设形体周围的水流速度比自由流速度低99%。

如图2-16所示，边界层内的水流为层流或是湍流，当其经过流型时，可以从层流变为湍流，这种转换称为"边界层过渡"。边界层的形成受边界层内流型、雷诺数、流型形状和流型表面粗糙度影响，边界层的类型也受雷诺数、表面粗糙度、湍流形状和流型表面影响。边界层围绕在流型附近，向下移动，或者在某些地方与型体分离再向下移动，分离点受雷诺数、流型形状、流动类型影响。

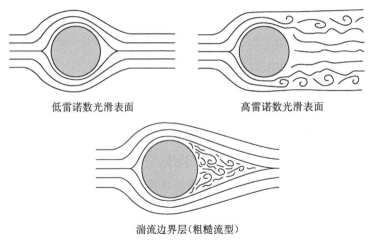

低雷诺数光滑表面　　　　　高雷诺数光滑表面

湍流边界层（粗糙流型）

图2-16　不同流动情况下的圆柱绕流

（4）边界层处理。

边界层的类型和分离会严重影响阻力的形成，因此工程师需要控制边界层的特征，这一点在飞机设计等项目中非常重要。通常需要根据实际情况设置雷诺数，其中可以控制的因素是流型的形状和表面光滑度。在光滑的表面上放置碰撞球或是金属线等障碍物，可让边界层形成湍流。

2）实验前准备

（1）安装用于升降天平的圆板，将天平安装在大的圆形舱口中，模型的正面朝向工作段内的气流方向。如果可行，则将尾迹测量把安装在小的舱口中。如果不使用尾迹测量耙,则应该为小舱口装上舱口盖。

(2) 安装底板。检查风洞周围,确保风洞的进出口没有障碍物,附近没有可能造成危险的松散物质。

(3) 工作段侧壁压力抽头上的单管应该与黑色实验箱上的单通道快拆配件相连。将升阻天平上的线连接到控制器的前面。

3) 实验步骤

(1) 将鼓风机速度设置为 0%,选择模拟图上的"FAN ON"按键,将其设置为等待状态。

(2) 在速度为零时,查看压力计读数是否都一样。

(3) 在软件中选择结果表,命名为"20%"。

(4) 测量环境温度和实验室压力,将结果输入模拟图上相应的框中。

(5) 在模拟图的选择框中选择流型,安装阻力天平。

(6) 如果使用尾迹测量耙,则将"耙"设置为"YES";如果不使用,则检查设置是否为"NO"。利用向上键,将鼓风机速度设置为 20%。检查风洞内的所有配件是否安装好,入口与出口处的气流是否畅通无阻。

(7) 调节流动实验管的高度及实验线的长度,让其在气缸上形成曲线,并绘制或拍摄曲线。

(8) 利用"注解"在结果表中简要描述观察的实验现象,最好能插入一些数据,使其与图表和照片相匹配。缩短实验线,直到线的一端到达测量耙,研究产生的湍流现象。做好记录并利用图表描述观察到的实验结果。

(9) 如果使用斜管压力计和尾迹测量耙,则读取管内的水平面高度,将结果输入到模拟图中。可沿着实验管移动光标,以便于观察气缸内的压力变化。

(10) 选择"GO"按键输入传感器读数。

(11) 将鼓风机速度设为 30%。等鼓风机速度稳定后,利用"GO"按键采集新的读数。如果使用尾迹测量耙,则首先要在模拟图中输入压力计读数。

(12) 将鼓风机速度设置为 40%、50% 直至 100%。

(13) 逐次将鼓风机速度降低 10%,采集鼓风机速度为 20% 时的读数;最后将鼓风机的速度设为 0%。

(14) 选择文件菜单中的"Save As"保存软件结果。给结果设定合适的名称,如设备代码、实验名称日期等便于以后参考。

(15) 新建结果表,在选择框中选择"Concave disk"。

(16) 移开升阻天平,将平底盘更换为凹面盘。

（17）将鼓风机的速度设置成与之前相等,再次进行流动形象化实验。选择"SAVE"保存结果,可将线的数据添加到现有文档中。

（18）关闭鼓风机。

（19）利用凹面盘、球体和流线体重复试验,每一次都新建结果表格,并在流型选择框中选择相应的模型。在关闭鼓风机之前选择模型,保存每一次的实验数据。

（20）在工作剖面内安装光滑的球体,重复实验,注意观察伴流的形状。

（21）利用高尔夫球重复试验,重新观察伴流形状。

（22）选择软件中的"FAN ON"按键,将鼓风机设置为等待。

（23）关闭设备电源。

4）实验数据处理

在下表 2-6 中记录实验结果。

表 2-6　阻流体和流线体阻力研究实验数据记录表

鼓风机速度/%	环境温度/℃	环境压力/Pa	风洞压头/mm	风洞压力/Pa	风洞速度/(m/s)	雷诺数	使用模型	升力/N	阻力/N	尾迹测量耙测量点1~10的压力/Pa	备注

根据风洞内的速度绘制阻力图,根据雷诺数绘制阻力图,注意每个模型的数据对应一个图表。

如果使用尾迹测量耙,则根据每组数据的雷诺数绘制抽头 1~10 的压力,注意用点而不是用线描绘。打印图表,手动将压力数据连成线,阐述雷诺数发生变化时耙的压力分布。

5）思考与讨论

（1）利用流动形象化地描述观察到的不同边界层形状。如果使用尾迹测量耙,则描述耙的压力变化。

（2）描述流量增加时气流属性的变化,注意雷诺数是否会发生变化。如果不考虑流量增加或降低,数据会一样吗？如果不一样,讨论变化的原因。

（3）比较相同直径流型周围的气流属性，利用流型和边界层解释不同之处。解释流体在每个流型周围的属性，如锐缘的形成或消失。

（4）比较两个小球周围的气流属性。光滑表面和凹凸表面的不同之处在哪？当球体上的边界层属性发生变化时，气流速度也随之变化吗？如果发生变化，测量点的雷诺数又是如何影响气流的。如果观察到不同，给出合理解释。为什么高尔夫球的表面是凹凸的？

（5）支撑杆是如何影响结果的？描述一种可测定支撑杆对结果的影响的方法。

2.4.6 不同攻角的机翼周围的流动和压力分布研究

1）实验原理

可采用式（2-12）计算工作剖面内的自由气流速度 v。

（1）机翼周围的压力分布。

即使是在平稳的气流中，机翼表面各处的压力也不相同。该压力大于周围空气的静压，且通常机头和机尾为正压力，其他的部分为负压力。压力最小的地方在翼弦与机头之间，且压力分布会随攻角的不同而发生变化。当压力最小的地方靠近机头时，机尾的正压力面积会增加。如图 2-17 所示，指向翼面的箭头表示压力比总的静压大，远离机翼的箭头说明压力比总的静压小。

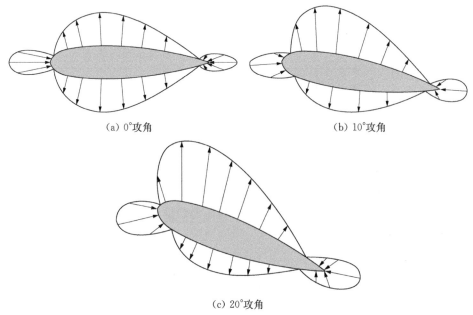

(a) 0°攻角　　　　　　　　　(b) 10°攻角

(c) 20°攻角

图 2-17　不同攻角下机翼周围的压力分布

（2）失速。

将机翼周围的气流看作层流，当攻角很小时，机翼被层流包围。随着攻角的增大，机翼上表面的压力会减小，直到达到空气层与机翼表面的分离点。之后机翼的表面会形成湍流，并且压力会瞬间增加，随后升力损失，阻力增加。分离点被视为停转点，停转发生的角度叫作临界攻角。当攻角大于分离点的角度时，机翼会停转或保持失速状态。

对于任意给定的风速，可通过攻角测定失速点。但是，失速的攻角会随风速发生变化。在航空领域，通常认为失速点与飞行速度有关，而不是与攻角有关，即飞机有一个特定的失速速度。保持稳定的高度需要稳定的攻角，当气流速度较低时，保持稳定的飞行需要较大的攻角。通过增加攻角可以保持稳定飞行，但是降低气流速度会导致临界攻角超过失速发生时的角度。注意：机翼失速与发动机失速完全不同。

2）实验前准备。

（1）通过大的圆形舱口安装压力翼，水平角度为0°（第一个抽头直接朝上，第二个抽头朝下）。如可行，则将尾迹测量耙安装在小的舱口中。如果不使用尾迹测量耙，则应该为小舱口装上舱口盖。如果使用皮托管，则应利用顶部的抽头安装。

（2）安装底板。检查风洞周围，确保风洞的进出口没有障碍物，附近没有可能造成危险的松散物质。

（3）工作段侧壁压力抽头上的单管应该与黑色实验箱上的单通道快拆配件相连。将升阻天平上的线连接到控制器的前面。

3）实验步骤

（1）将鼓风机速度设置为0%，选择模拟图上的"FAN ON"按键，将其设置为等待状态。

（2）在速度为零时，查看压力计读数是否都一样。

（3）测量环境温度和实验室压力，将结果输入模拟图上相应的框中。

（4）在模拟图中的"RAKE USED"框中选择"NO"。

（5）利用向上键，逐次增加1%，直到鼓风机速度为10%。鼓风机会慢慢启动。检查风洞内的所有配件是否安装好，入口与出口处的气流是否畅通无阻。逐次将鼓风机速度增加10%，直到达到40%，将鼓风机速度稳定在40%。

（6）检查机翼是否同轴度：读取第一个抽头点的压头读数时，调整机翼攻角（机头、压头读数为1）。当标尺上的0读数与风洞侧壁中间的标记一致时，压头值最大。如果不一致,则需要在设置攻角的时候稍做调整。

（7）将机翼的攻角设为 0°,在模拟图的框中输入"0 度攻角"。

（8）调节流动实验管的高度以及实验线的长度,让其在气缸上形成曲线,并绘制或拍摄曲线。

（9）利用"注解"在结果表中简要描述观察的实验现象,最好能插入一些数据,使之与图表和照片相匹配。

（10）缩短实验线,直到线的一端到达测量耙,研究产生的湍流现象(只有使用慢速摄像机才能做到这点)。做好记录并利用图表描述观察到的实验结果。

（11）如果使用 C15 - 11 斜管压力计,则读取管内的水平面高度,将结果输入到模拟图中。可沿着实验管移动光标,以便于观察气缸内的压力变化。

（12）选择"GO"按键输入传感器读数。

（13）如果使用尾迹测量耙,则新建一个结果表。断开压力气缸,连接测量耙。在"RAKE USED"框中选择"YES"。如果使用 C15 - 11,则在模拟图中输入新的读数。选择"GO"按键输入传感器读数。断开尾迹测量耙,重新连接压力翼。

（14）新建结果表,再次选择"NO"。

（15）将鼓风机速度设置为 60%。

（16）重复流动可视化实验并记录压力读数。如果使用尾迹测量耙,则新建一个结果表,将"RAKE USED"设置为"YES",连接测量耙,采集读数。

（17）将鼓风机速度设置为 80%。新建结果表并重新命名,每次选择合适的模块。设置鼓风机速度为 100%,重复实验。

（18）选择文件菜单中的"Save As"保存软件结果。给结果设定合适的名称,如设备代码、实验名称日期等,便于以后参考。

（19）将鼓风机速度再次设置为 20%。调节机翼的攻角为 +2°(机头上升,机尾下降),在"ATTACH NOTE"框中输入"2 度角"。

（20）在鼓风机速度为 40%、60%、80% 时重复以上程序,每一次都使用新的表格记录数据。当使用半流测量耙采集读数时将"RAKE USED"设置为"YES",完成后设置为"NO"。

（21）重复设置攻角为 4°、6°、7°、8°、9°直到 16°,再到 18°、20°、30°,采集更多的读数。注意:当攻角变高时,机翼会在工作段内形成障碍,使得气流速度逐渐增加,这对结果的影响很小,但是为了结果的准确性,应尽量将风扇速度调为与气流速度相匹配,使攻角较低。

（22）为了使机翼下方有相应的压力，机翼的攻角应设为负。在攻角为 $-2°$、$-4°$、$-6°$、$-7°$ 至 $-30°$ 时，重复以上程序，将结果与之前的正攻角进行对比。这个练习不需要采集伴流压力读数，它的结果与正攻角读数是相反的。

（23）关闭鼓风机：输入鼓风机设定值 50%；鼓风机速度变慢后，输入 20%；再次变慢后，输入 0%。

（24）选择软件中的"FAN ON"按键，将鼓风机设置为等待状态。

（25）选择文件菜单中的"Save As"保存软件结果。给结果设定合适的名称，如设备代码、实验名称日期等便于以后参考。

（26）关闭设备的开关。

4）实验数据处理

在表 2-7 中记录实验结果。

表 2-7　不同攻角机翼实验记录表

鼓风机速度/%	环境温度/℃	环境压力/Pa	风洞压头/mm	风洞压力/Pa	风洞速度/(m/s)	雷诺数	攻角/(°)	机翼测量点1~10的压力/Pa	尾迹测量耙测量点1~10的压力/Pa

采用软件记录传感器数据和相应的计算结果，根据鼓风机速度和攻角绘制每个抽头点处的压力图及正攻角和负攻角数据图。

如果使用尾迹测量耙，则需根据测量点的不同鼓风机速度和攻角绘制伴流压力图（读取机翼中心线），同时附带相应的机翼压力图。

5）挑战与提高

使用翼型分析工具 xflr5（见图 2-18）模拟本实验内容（所需参数自行测量），并将模拟结果与实际测量结果进行对比。

6）思考与讨论

（1）对于零攻角图表，当鼓风机速度增加时，比较实验结果。机翼上表面和下表面的压力有什么变化？伴流有何变化？线的形状有何变化？

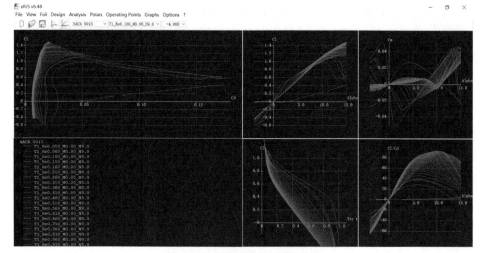

图 2 - 18　翼型分析工具 xflr5

（2）对于单个鼓风机速度，当攻角增加时，将结果与线的路径进行对比。图表是如何发生变化的？机翼的表面压力会瞬间发生变化吗？尾流是否与失速状态一致？如果是，描述发生变化的点。当压力发生变化时，线的属性是如何变化的？

2.4.7　不同攻角对称机翼上的升阻力研究

1）实验原理

采用式（2 - 12）计算工作剖面内的自由气流速度 v。

（1）升力。

升力是作用在机翼上的力在垂直于来流方向的分力，它是立体的。如果翼弦是从机头到机翼后缘的一条直线，那么升力通常垂直作用在翼弦上，且升力作用在向上的表面时，通常为正值（由于翼型可旋转 $180°$ 以上，因此翼面通常是朝上的）。当机翼和气流方向不同时，升力会产生分力。升力的数值与攻角有关。

当使用 C15 - 20 升阻力附件时，翼展与工作剖面的底部平行，升力垂直作用在翼面上，没有朝向风洞侧壁的分力。当机翼攻角为零时，升力直接朝上，方向与翼面的攻角垂直。

（2）阻力。

阻力是机翼沿着气流方向产生的分力（当飞机平行飞行时，阻力方向与飞行的方向相反）。阻力阻碍机翼的运动，通常为正值或零（在非理论情况下，如果气流速度为零，则阻力通常也为零）。

阻力是气动力作用在阻力方向的分力与机翼表面的摩擦力的合力。给定机

翼和雷诺数可推断阻力系数,然后计算机翼的阻力:

$$C_D = C_{D_0} + C_{D_i} \tag{2-22}$$

式中,C_{D_0} 为形状阻力系数;C_{D_i} 为诱导阻力系数;C_{D_i} 视为升力系数 C_L 的函数:

$$C_{D_i} = kC_L^2 \tag{2-23}$$

阻力为

$$D = \frac{1}{2}\rho v^2 S C_D = \frac{1}{2}\rho v^2 S C_{D_0} + \frac{1}{2}\rho v^2 S(kC_L^2) \tag{2-24}$$

式中,D 为总阻力;ρ 为空气密度;v 为气流速度;S 为机翼面积的基准尺寸,$S=$翼面的计划面积$=$C15 - 10 翼弦乘以翼展。

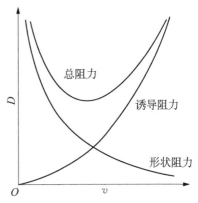

　　如果升力对阻力的影响为 0($k=0$),则可直接利用升阻天平从 D 值计算 C_{D_0}。

　　形状阻力和诱导阻力的联合作用生成总阻力特性曲线,如图 2 - 19 所示。这条曲线表明,随着压力的增加,阻力先下降,达到最小后再上升。最小阻力系数是航空动力学的重要指标,它展示的是最有效的形体(机翼)速度,不受任何因素的影响。

图 2 - 19　总阻力随气流速度的变化

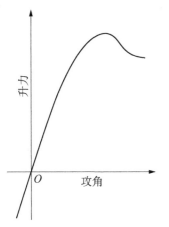

图 2 - 20　当气流速度一定时升力与攻角的关系

　　(3) 机翼的升阻特性。

　　机翼产生的升力和阻力会随气流速度和攻角发生变化。当攻角一定时,气流速度增加会导致升力和阻力上升,直到压缩效应非常明显(接近 C15 - 10 的超声速,气流速度达不到这个点)。当气流速度一定时,升力与攻角之间的关系更复杂,如图 2 - 20 所示。

　　由图 2 - 20 可知,当攻角增大时升力逐渐增加,直到达到临界攻角或失速角,此后升力急剧下降,后随攻角变大趋于稳定,这一点的阻力非常重要。

　　注意:在航空学中,通常会提及失速速度和失速角。失速角会随着气流速度发生变化。但是,当机翼重量、攻角一定时,在气流速度相同的情况下仍会发生失速,空气密度会影响读数,使得机翼压力传感器测量的速度与海平面上的气流速度不一样。飞机有多个失速速度,且会受飞机起落架、前缘缝翼、襟翼位置等因素的影响。

(4) 升力。

当机翼和雷诺数一定时,可得出升力系数,并用于计算机翼的升力:

$$C_L = \frac{L}{\frac{1}{2}\rho v^2 S} \tag{2-25}$$

式中,L 为升力;ρ 为流体密度;v 为机翼上的气流速度;S 为基准尺寸。

基准尺寸是翼弦的长度,测试模型占据了工作段的全部宽度。采用升阻天平测量垂直分力(升力与风洞底板垂直)。当速度和攻角一定时,可推导出 kC_L^2 和 k。

2) 实验前准备

(1) 应该为升阻机翼安装升阻天平,天平带有大的圆形舱口。小舱口需配有舱口盖。升阻天平的接线与 IFD 控制器前面的插口相连。

(2) 安装底板。检查风洞周围,确保风洞的进出口没有障碍物,附近没有可能造成危险的松散物质。

(3) 工作剖面侧壁压力抽头上的单管应该与黑色实验箱上的单通道快拆配件相连。将升阻天平上的线连接到控制器的前面。

3) 实验步骤

(1) 将鼓风机速度设置为 0%,选择模拟图上的“FAN ON”按键,将其设置为等待状态。

(2) 在速度为零时,查看压力计读数是否都一样。

(3) 测量环境温度和实验室压力,将结果输入模拟图上相应的框中。

(4) 选择“LIFT”数据显示框旁边的“ZERO”按键,设置零值基准点(无气流速度)。

(5) 利用向上键,逐次增加 1%,直到鼓风机速度为 20%。鼓风机会慢慢启动。检查风洞内的所有配件是否安装好,入口与出口处的气流是否畅通无阻。

(6) 将鼓风机速度稳定在 20%。

(7) 检查机翼是否同轴度:读取第一个抽头点的压头读数时,调整机翼攻角(机头、压头读数为 1)。当标尺上的 0 读数与风洞侧壁中间的标记一致时,压头值最大。如果不一致,则需要在设置攻角的时候稍做调整。

（8）当攻角为零时,研究升力和阻力随气流速度的变化。

a. 将机翼的攻角设置为 $0°$,检查模拟图中的攻角选项框中是否显示为 $0°$,若不为 $0°$,则手动调零。

b. 选择"GO"按键,记录传感器读数。

c. 将鼓风机速度增加到 30%,再次选择"GO"按键,记录数据。

d. 重复设置鼓风机速度为 40%、50%、直到 100%,记录每一次的数据。

（9）改变攻角,研究升力和阻力随气流流速的变化。

a. 将鼓风机速度设置为 20%,新建一个结果表。

b. 选择"GO"按键记录传感器读数。

c. 调节机翼的攻角为 $+2°$(机头上升,机尾下降),在"ATTACH NOTE"框中输入"2 度角",再次选择"GO"按键。

d. 重复设置攻角为 $4°$、$6°$、$7°$、$8°$、$9°$直到 $16°$,再到 $18°$、$20°$、$30°$,采集更多的读数。注意:当攻角变高时,机翼会在工作剖面内形成障碍,使得气流速度逐渐增加,这对结果的影响很小,但是为了结果的准确性,应尽量将风扇速度调为与气流速度相匹配,使攻角较低。

e. 在将鼓风机速度设置为 50% 和 100% 之前,重复研究攻角,新建结果表记录数据。

f. 如果时间允许,则重复对负攻角进行实验($-2°$、$-4°$等)。

（10）关闭鼓风机:输入鼓风机设定值 50%;鼓风机速度变慢后,输入 20%;再次变慢后,输入 0%。

（11）选择软件中的"FAN ON"按键,将鼓风机设置为等待状态。

（12）选择文件菜单中的"Save As"保存软件结果。给结果设定合适的名称,如设备代码、实验名称日期等,便于以后参考。

（13）关闭设备开关。

4）实验数据处理

在表 2-8 中记录传感器数据和相应的计算结果。

表 2-8　不同攻角对称机翼上的升力和阻力研究数据记录表

鼓风机速度/%	环境温度/℃	环境压力/Pa	风洞压头/mm	风洞压力/Pa	风洞速度/(m/s)	雷诺数	攻角/(°)	垂直升力/N	阻力/N	C_L	C_D	C_{D_0}	C_{D_i}	k

（续表）

鼓风机速度/%	环境温度/℃	环境压力/Pa	风洞压头/mm	风洞压力/Pa	风洞速度/(m/s)	雷诺数	攻角/(°)	垂直升力/N	阻力/N	C_L	C_D	C_{D_0}	C_{D_i}	k

对于第一组结果（攻角为零，速度不同），根据速度绘制升力图表。在 Y 轴上绘制升力系数 C_L。再根据速度绘制 C_D，C_{D_0} 和 C_{D_i} 图表。在 Y 轴上绘制阻力。

对于另一组数据（速度一定，攻角发生变化），根据攻角绘制每个速度的升力系数图表，根据两个样本速度的攻角绘制 k 的图表。

5）挑战与提高

本实验所用的附件、升阻力测试均通过测量应变片形变阻值的变化来实现，其设计有一些缺陷，如机翼升力最大值不能超过自身重力（否则会与应变片脱离接触），你能设计一款改进装置吗？三维模型、工程图纸、手绘草图、文字描述、Arduino 数采程序等均可。

6）思考与讨论

（1）当攻角为零时，描述机翼升力系数随速度的变化。

（2）描绘 C_D、C_{D_0} 和 C_{D_i}。它们与给定的例子一致吗？有什么变化？标出最小的阻力并测量速度。

（3）描述攻角升力系数图的一般形状及图形是如何随速度变化的。每设置一个速度，测量最大升力和临界攻角。

2.4.8 层流和湍流边界层厚度研究

1）实验原理

相关原理请参考 2.4.5 节。

（1）层流边界层。

在层流边界层中，水流很平稳，并通过某些层面流到其他的层面。表面摩擦力越小，边界层就越薄。

（2）湍流边界层。

在湍流边界层中,水流漩涡的大小和力度会发生变化,表面摩擦力比层流边界层的大,边界层更厚。

(3) 粗糙板。

粗糙板的表面有助于形成湍流边界层。

(4) 速度剖面图。

可利用皮托管测量平板表面抽头处的气流速位差,还可测量流量并生成气流经过平板的速度剖面图。速度剖面图会随着层流或湍流发生变化,湍流表面的速度梯度更高。可由图 2 - 21 观察两种状态下相同平板上的梯度图是否一样。

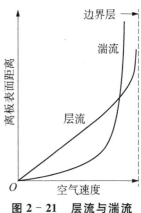

图 2 - 21　层流与湍流边界层速度特性

2) 实验前准备

(1) 安装底板之前,先将风洞中的其他模板和传感器移除。慢慢滑动光滑板将其安装到底板上,拧紧翼型螺母将板固定。拿走不用的底板,并安装所需的模板。小心移动板,不要损坏工作剖面或配件。利用两个螺钉将堵塞器安装在顶部抽头上,装上螺钉并滑动塞子直到螺钉与板的侧面接触。利用螺母将塞子固定,这样它就可以支撑模板的顶部。

(2) 在顶部的其他抽头上安装堵塞器。

(3) 小的舱口盖应该固定在舱口上。压头皮托管应该安装在大的舱口中,管的开口朝上。

(4) 测量风洞静压的电子传感器应该连接到黑色的电气箱。如果使用 C15 - 11,则同一抽头处的软管应该连接到标有"静压"的管顶部。如果使用 C15 - 12,则不需要进行柔性连接,或将管连接到 C15 - 12 不操作的渠道中,避免电子压力传感器读数产生误差。

(5) 检查风洞周围,确保风洞的进出口没有障碍物,附近没有可能造成危险的松散物质。

(6) 工作段侧壁压力抽头上的单管应该与黑色实验箱上的单通道快拆配件相连。将升阻天平上的线连接到控制器的前面。

3) 实验步骤

(1) 将鼓风机速度设置为 0%,选择模拟图上的"FAN ON"按键,将其设置为等待状态。

（2）在速度为零时，查看压力计读数是否都一样。

（3）测量环境温度和实验室压力，将结果输入模拟图上相应的框中。

（4）在软件中的模拟图将"PLETE TYPE"设置为"SMOOTH PLATE"。

（5）松开螺母，固定平板上的定位销，固定堵塞器。利用定位销将板轻轻地滑到工作段的出口处，直到板不能移动。拧紧堵塞器的定位销和固定螺母。在工作段的下面，用胶带将板槽固定（胶带是备选，它可以防止风洞漏气，以免造成压力下降）。

（6）利用"注释"工具输入皮托管的位置（前缘）。

（7）利用向上键，逐渐将鼓风机的速度增加到 100%。检查风洞内的所有配件是否固定，确保风洞进出口的气流不会造成危险。等待鼓风机速度稳定。

（8）调节皮托管，直到它与模板接触：拧动螺钉直到碰触棘轮装置。在模拟图中的"垂直距离"输入 0。

（9）如果使用 C15-11 斜管压力计，则采集管 11 和管 12 的水平面读数，在模拟图中输入结果。

（10）选择"GO"按键输入传感器读数。

（11）将皮托管与模板间的距离设置为 0.1 mm，输入距离 0.2 mm。

（12）将距离增加 0.1 mm，每一次都记录距离和传感器读数，直到读数显示达到边界层边缘。

（13）选择文件菜单中的"Save As"保存软件结果。给结果设定合适的名称，如设备代码、实验名称日期等，便于以后参考。

（14）拆除胶带，松开定位销和堵塞器螺母，将模板移回风洞入口，直到皮托管位于模板的中间。再次使用胶带将模板固定。

（15）新建一个结果表，在"NOTE"中输入"MIDDLE"。

（16）固定皮托管，让它与模板接触。将皮托管移动 0.1 mm，采集第二组数据并保存结果。

（17）当模板到达顶部后，再新建一个结果表，采集第三组数据。在"NOTE"中输入"TRAILING EDGE"。采集读数之前用胶带将板槽固定，点击"SAVE"保存结果。

（18）将鼓风机的速度设置为 50% 并让它保持稳定。将板固定在板槽的出口端。

（19）将鼓风机的速度设置为 100%，采集第三组读数，模板位于上面、中间和下面三个位置。

（20）慢慢关闭鼓风机，利用方向键逐次将速度降低10%，直到为0%。继续操作前，确保鼓风机已关闭。

（21）拆除底板，将光滑板换为粗糙板，将其固定在工作剖面内。

（22）在软件中新建一个结果表，在"PLATE TYPE"中选择"ROUGH PLATE"。

（23）将鼓风机速度设置为100%、50%，重复以上程序并保存结果。为了节约时间，皮托管可移动0.2 mm，因为边界层的厚度很大。

（24）如果时间允许，则用湍流边界层替换层流边界层进行研究。

（25）关闭鼓风机，选择软件中的"FAN ON"按键，将其设置为等待模式。

（26）关闭电源开关。

4）实验数据处理

在表2-9中记录传感器数据和相应的计算结果。

表2-9　层流和湍流边界层实验数据记录表

鼓风机速度/%	环境温度/℃	环境压力/Pa	风洞压头/mm	风洞压力/Pa	风洞速度/(m/s)	雷诺数	皮托管压头/mm	皮托管总压力/Pa

根据传感器距离模板的位置绘制总压图。在每个模板上，根据压力梯度的变化确定边界层边缘位置，记录模板与边界之间的距离。利用距离值绘制每个模板低流量（鼓风机速度设置为50%）和高流量（鼓风机速度设置为100%）时的边界层形状，假设边界层前缘的厚度为零。根据气流速度，绘制距离图表。

5）思考与讨论

（1）从图表中的气压梯度判断测量点的边界层是层流还是湍流形式。对于每个模板，利用某个速度对应的三个图表分析边界层中的流动类型是否保持一致，如果发生变化，则在前缘和后缘是否会发生同样的变化？

（2）当雷诺数不同时，描述边界层的形状并说明不同之处与相似之处。如果使用拉发线，则讨论它对结果的影响，并将结果与不使用拉发线的光滑板进行对比。厚板与拉发线/砂纸之间的结果有相似之处吗？

2.5 拉法喷管内压力流研究

2.5.1 实验设备

如图 2-22 和图 2-23 所示，拉法喷管内压力流实验设备是一个可压缩流工作台，工作台带有多个可更换的透明丙烯酸实验管。

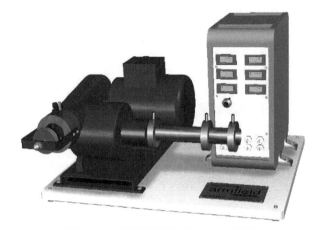

图 2-22 拉法喷管内压力流实验设备

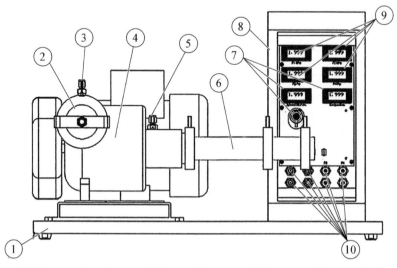

1—设备底板；2—节流阀；3、5—密封套；4—压缩机；6—实验管；7—调速旋钮；8—控制台；
9—压力传感器显示屏；10—刺形软管接头。

图 2-23 拉法喷管内压力流实验设备正面示意图

该工作台包括一个马达驱动的多级空气压缩机,设备带有缩放实验管段,并提供一个压缩机实验管或五个可交换的实验管作为可选项,以扩大实验功能。完整的电子传感器可对 4 个点的大气压力(或 4 个测量点的不同压力)、压缩机速度和马达转矩进行读数。可选的计算机连接装置带有相应的 Armfield 软件,可将读数记录到与之连接的计算机中。此外,设备还提供电子温度传感器,可测量压缩机入口和出口处的温度,并进行记录。

马达、压缩机④和控制台⑧都安装在同一个设备底板①上,压缩机由三相电动机通过传送带驱动。防护装置可在操作者接触传动皮带或传送带时保护其安全。马达速度可通过控制台内的换流器进行控制,改变马达/压缩机的速度可改变气流的速度,而利用压缩机出口处的节流阀也可控制气流。入口处配有一个压盖,以便于插入温度计测量进入压缩机的气体温度。压缩机速度和马达转矩读数直接显示在控制台上,设备信息如表 2 - 10 所示。

表 2 - 10 设备配件及参数

设备配件	参数
型号	多级离心式压缩机
级数	4
入口孔径/mm	51
出口孔径/mm	51
电机功率/kW	6
外罩	防滴漏
电机轴速度/(r/min)	0～3 050(最大)
滑轮比例	72∶18(如 4∶1 增加)
对应的鼓风机速度/(r/min)	12 200(最大)

通过控制台上的调速旋钮⑦可精确控制大部分实验的空气流量。压缩机的速度显示在电子控制台上,速度的显示单位为 r/min,马达转矩显示单位为 N/m。压缩机的出口带有节流阀②,它包含一个锥形圆盘,其螺钉朝向压缩机,因此可对压缩机的出口进行节流。圆盘背部使用防松螺母固定圆盘。使用节流阀可以很好地控制流量,同时可使换流器保持恒定的轴速度。节流组件还包含一个压力抽头和用于温度计的密封压盖,将温度计插入其中,可测量压缩机出口的气温,出口内径为 51 mm。

每个实验管和节流阀组件都在合适的地方配有压力抽头点。控制台带有 4 个不同的压力传感器,压力计接头与控制台前板上的刺形软管接头⑩相连,传感器的标签为 P1~P4。将两个接头连接到同一个传感器上,每个传感器均可测量两个接头之间的不同压力(压力较高的与顶部的软件相连,压力较低的与底部的软件相连)。将接头连接到低压传感器插座,露出上面的插座,即可利用另外一个压力传感器测量接头的大气压力。注意:如果将接头连接到压缩机的吸力面,则会产生正值。为了测量绝对压力,读数需要减去周边的气压。

传感器 P1 和 P2 用于测量较大的压差,传感器 P3 和 P4 用于测量较小的压差,传感器的读数显示在控制台上,单位为 kN/m^2。

温度传感器/温度计:将玻璃液体温度计插入密封套③和⑤中,可测量压缩机出口和入口的气温。要求两个温度计同时进行人工读数。在使用设备前,还可以使用温度计测量室内的环境温度。

实验管(缩放管):C1 Mk Ⅱ包括一个缩放的实验管(文丘里管)⑥,如图 2 - 24 所示,在使用这个实验管或其他实验管时,压缩机作为排风机使用。气流进入管中,然后被吸至压缩机的入口,通过与马达相连的换流器控制空气吸入流量,可测定第一个平行直边管的流量(patmos-pinlet)。

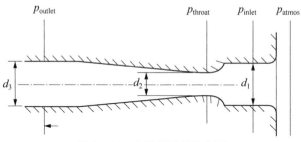

图 2 - 24 实验管局部放大图

扩散器发散部分的压力可恢复,压缩机自身会在收缩处多次产生不同的压力差,当开节流阀的声速很高时,会阻塞管道。入口、窄口处和出口的接头压力都可测量。实验中未使用的抽头应用橡皮塞封好。流量计量管直径 d_1 为 25.4 mm,上游(窄口处)管直径 d_2 为 9.5 mm,下游管直径 d_3 为 25.4 mm。

2.5.2 实验原理

以下假设以本手册的理论为基础:

(1) 在与气流方向垂直的横截面上流量是一致的,如实验管可看作一维的流管。

（2）流动平稳。

（3）势能变化忽略不计。

无轴功和热传递情况下，理想气体的无摩擦流动如下：

$$\frac{p}{\rho} + \frac{v^2}{2} + C_V \frac{p_{atmos}}{\rho R} = 常数 \tag{2-26}$$

热容与气体常数之间的关系如下：

$$C_p = C_V + R \tag{2-27}$$

$$\gamma = \frac{C_p}{C_V} \tag{2-28}$$

因此有

$$\frac{p}{\rho} \left(1 + \frac{1}{\gamma - 1}\right) + \frac{v^2}{2} = 常数 \tag{2-29}$$

$$\frac{p}{\rho} \cdot \frac{\gamma}{\gamma - 1} + \frac{v^2}{2} = 常数 \tag{2-30}$$

对于大气和管口，有

$$\frac{\gamma}{\gamma - 1} \cdot \frac{p_{atmos}}{\rho_{atmos}} = \frac{\gamma}{\gamma - 1} \cdot \frac{p_{throat}}{\rho_{throat}} + \frac{v_1^2}{2} \tag{2-31}$$

因此有

$$V_1 = \sqrt{\frac{2\gamma}{\gamma - 1} \cdot \left(\frac{p_{atmos}}{\rho_{atmos}} - \frac{p_{throat}}{\rho_{throat}}\right)}$$

$$= \sqrt{\frac{2\gamma}{\gamma - 1} \cdot \frac{p_{atmos}}{\rho_{atmos}} \cdot \left(1 - r^{\frac{\gamma - 1}{\gamma}}\right)} \tag{2-32}$$

等熵过程中压力与密度之间的关系如下：

$$\frac{p}{\rho^\gamma} = 常数 \tag{2-33}$$

$$r = \frac{p_{throat}}{p_{atmos}} \tag{2-34}$$

由连续性方程可得：

$$m = \rho_{\text{throat}} \cdot A_{\text{throat}} \cdot V_{\text{throat}} = r^{\frac{1}{\gamma}} \cdot \rho_{\text{atmos}} \cdot A_{\text{throat}} \cdot V_{\text{throat}}$$

$$= \rho_{\text{atmos}} \cdot A_{\text{throat}} \cdot \sqrt{\frac{2\gamma}{\gamma - 1} \cdot \frac{p_{\text{atmos}}}{\rho_{\text{atmos}}} \cdot (r^{\frac{2}{\gamma}} - r^{\frac{\gamma+1}{\gamma}})} \tag{2-35}$$

$$m^2 = A_{\text{throat}}^2 \frac{2 p_{\text{atmos}} \gamma}{\gamma - 1} \left[\left(\frac{p_{\text{throat}}}{p_{\text{atmos}}} \right)^{\frac{2}{\gamma}} - \left(\frac{p_{\text{throat}}}{p_{\text{atmos}}} \right)^{\frac{\gamma+1}{\gamma}} \right] \tag{2-36}$$

2.5.3　实验前准备

（1）检查出口孔是否完全打开。

（2）检查传感器和 FM41 设备的电源线是否与 IFD7 前面的插座相连。

（3）IFD7 连接合适的电源，计算机与 IFD7 用 USB 线连接。检查 IFD7 上的红绿指示灯是否亮着。

（4）运行 FM41 软件。

（5）打开 IFD7 电源，用前面的开关打开 IFD7。

（6）在软件模拟图上，选择"FAN ON"按钮打开 FM41，检查绿色指示灯是否亮着。

（7）检查传感器的读数是否在合适的范围内，风扇不转时空气速度和压力读数为 0，温度读数为室温。

2.5.4　实验步骤

（1）将风扇速度设置到最大，记录下风扇的速度。

（2）记录空气温度、锐孔压差、风扇压差，选择"GO"按钮可以得到发动机的功率。

（3）对空气速度选择一个增量值，可以得到 10～15 个空气速度。

（4）关闭孔径以增加空气速度，选择"GO"按钮。

（5）调整孔径，将风扇设置到合适的速度，选择"GO"按钮记录数据。

（6）继续操作直到孔径完全关闭。

2.5.5　实验数据处理

记录以下结果（气压 p_{atmos} 为 _____ N/m²）：

p_1	p_2	p_3

p_1	p_2	p_3

注：请注意读数的单位为 kPa，用于计算的时候必须乘以 1000，才能将单位换算为 N/m^2。

对于每一组数据，绘制 $p_{atmos} - p_1（p_{throat}）$ 对于 $p_{atmos} - p_2（p_{outlet}）$ 的线（直线）。

2.5.6　思考与讨论

描述所获得的图表，与理论中给出的例子相比如何？用图表描述风机的性能特性。

2.5.7　扩展阅读

壅塞（Choking）：管道中某一截面处的流速达到声速时所发生的一种流动现象，其表现为不论管道出口外压强如何降低，声速截面前的流速、压强等都不再发生变化，相应的流量也保持不变。壅塞有许多种，常见的有超声速风洞起动壅塞、飞机进气道壅塞、摩擦管壅塞和加热管壅塞等，下面简单介绍前两种壅塞。

1) 超声速风洞起动壅塞

这种壅塞常发生在风洞第二喉道截面不够大的情况下。图 2-25 为超声速风洞出现壅塞示意图。超声速风洞左端为拉瓦尔管喉道，中部为实验段，右端为第二喉道。风洞起动时入口和出口的压强比逐渐增大，洞中流速随之增大。当拉瓦尔管喉道截面处的流速达到声速时，它的下游会出现一段超声速流动区和起动激波［见图 2-25(a)］。随着压强比增大，起动激波逐渐往下游移动。对于正常的起动过程，当压强比达到某一值时，起动激波通过实验段，就完成了起动过程。若第二喉道截面不够大，则在起动激波还未通过实验段时第二喉道截面处流速就达到了声速［见图 2-25(b)］，这时，无论压强比如何增大，起动激波也不能再往下游移动，实验段气流不能达到超声速，便出现起动壅塞的现象。如果实验模型太大，则它与壁面之间的通道太小，其作用类似于第二喉道，也会造成壅塞。为了避免壅塞，第二喉道横截面积应足够大。

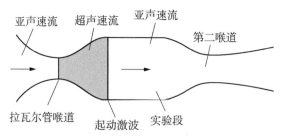

（a）未壅塞时第二喉道处为亚声速流

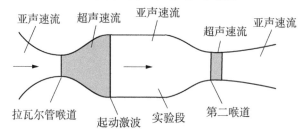

（b）壅塞时第二喉道下游为超声速流

图 2-25　超声速风洞出现壅塞示意图

2）飞机进气道壅塞

在进气道远前方气流马赫数小于 1 时，进气道前方气流速度增大，进口内喉道处的流速增大，流量增加；当喉道处马赫数＝1 时，进气道前方气流速度再增大，流量也不再增加，只是在喉道后出现超声速流和激波［见图 2-26(a)］。在远前方气流马赫数大于 1 时，超声速气流在进口前不受任何扰动，直接流入进气道［见图 2-26(b)］。在喉道面积足够大、进入的全部气体都能通过时，进气道不壅塞。若喉道面积太小，能够通过的流量小于直接进入的流量，则喉道会发生壅塞，使得喉道前气体发生堆积，压强升高，并在进口前形成一道离体激波，一部分多余气流溢出口外，使喉道后出现超声速区和激波［见图 2-26(c)］。壅塞使飞

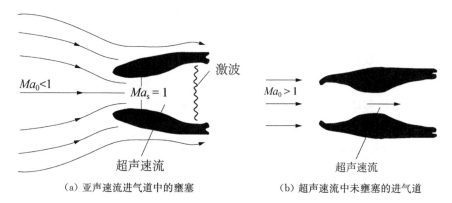

（a）亚声速流进气道中的壅塞　　　　　　（b）超声速流中未壅塞的进气道

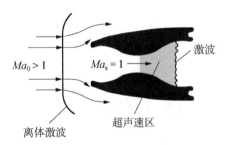

（c）超声速流进气道中的壅塞

图 2-26 飞机进气道壅塞

机所受阻力大为增加，发动机的推力显著减小。

上述壅塞都与喉道的存在有关，称为"几何壅塞"。在等截面的管道中，摩擦作用和加热作用也会使下游截面可通过的最大流量减小，当某个截面处达到最大流量时就会发生壅塞，分别称为"摩擦壅塞"和"加热壅塞"。实际管道中的壅塞往往是几何、摩擦和加热共同作用的结果。

3　固体力学与结构实验

航空航天器的结构设计从材料的选择到结构形式的确定,再到强度分析,每一步都离不开固体力学知识。在完成理论学习的同时,开展相关力学性能实验,有助于增强对理论知识的理解和掌握,可以直观体验不同材料的性能差异,有助于后续研究工作的开展。

本部分内容主要目的是掌握固体力学的基本定理和材料测试方法,分为以下几个实验:通过航空航天材料拉伸实验,介绍如何根据实验标准测试航空航天领域所用材料的拉伸性能(拉伸强度、延伸率和模量);通过复合材料弯曲实验,掌握材料弯曲性能测试和数据处理方法,结合实验了解固体与结构力学中的基本定理,为学生后续的专业课程学习提供铺垫和支撑。

3.1　航空航天材料拉伸实验

3.1.1　实验设备

本实验采用的设备是万能力学实验机,如图 3-1 所示,由 MTS 公司生产,最大载荷为 30 kN。在典型的拉伸实验中,哑铃形实验件两端被夹紧,以确定的速度被拉伸至断裂点;根据 ISO/ASTM 等实验标准,可实现拉伸、压缩、弯曲、剪切等实验测试。

3.1.2　实验原理

实验采用美国标准实验方法 ASTM D3039/D3039M-14,实验中可以获得应力

图 3-1　万能力学实验机

(σ)与应变(ε)的曲线,如图3-2所示。

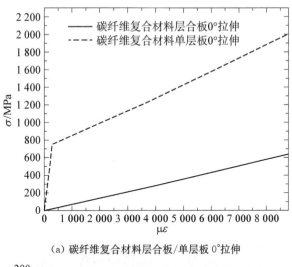

（a）碳纤维复合材料层合板/单层板 0°拉伸

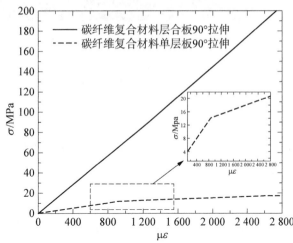

（b）碳纤维复合材料层合板/单层板 90°拉伸

图3-2 碳纤维复合材料板拉伸实验曲线

本部分实验材料以碳纤维复合材料为主,从图3-2还可以看出,碳纤维复合材料的应力应变曲线呈线性变化规律。相同应变情况下,在0°拉伸实验中,单层板的应力高于层合板;在90°拉伸实验中,层合板的应力高于单层板,由此可以得出什么样的结论呢?

3.1.3 实验前准备

进入桌面,单击"拉力测试"图标,计算机屏幕上显示主窗口,如图3-3所示。

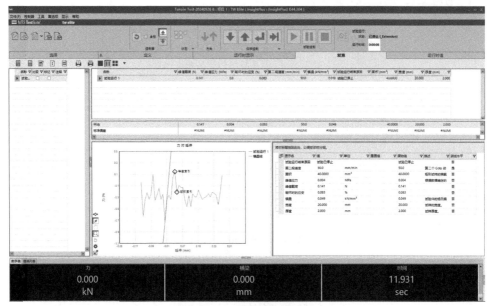

图 3-3　测试软件主窗口

单击测试向导工具栏的"Define"选项,出现方法数据窗口;选择适当的测试方法,注意不同的样品有不同的测试条件,请和实验老师确认合适的加载速率。

单击测试向导工具栏的"Monitor"选项,输入测量的试样宽度和厚度,即可在计算机上完成强度的计算,且测试后可自动生成应力-应变曲线。

3.1.4　实验步骤

1) 样品制备

试样呈哑铃状,其尺寸是根据 ISO 确定的,在前面的介绍中提到过。

用一对游标卡尺测量聚合物试样的厚度、宽度和规尺长度。每个试样的尺寸应该大致相同。

2) 选择合适的夹具

根据试样类型(杆试样或板试样)选择夹具。

3) 放置样品

将试样放在底部夹钳处,一只手垂直握持,另一只手尽量向关闭方向转动手柄。(注:距离试样的量规长度约 3 mm;要将试样两端紧紧地夹在试样夹上,以防止滑移和实验误差;手柄的"开"和"关"方向在手柄上应有标注。)将鼠标光标放在"Stroke"按钮上,右击选择"zero"选项,等待几秒钟让计算机返回零值。

使用"上"或"下"按钮来调整上手柄的位置。(注意:确保试样垂直排列,否则将产生扭转力,而不是轴向力。)

将上把手尽可能地向"关闭"方向转动。目测试样两端是否对称(等距离)夹紧。

4)开始拉伸实验

单击位于主窗口顶部的"运行"图标(绿色按钮),出现"开始测试"窗口。输入尺寸,单击即可使设备开始按指定的拉速向相反方向移动。

在安全距离(约1.5m)外以一定角度观察实验,记录试样破坏时的破坏模式。在实验过程中,将实时生成力(kN或N)-行程(mm)图。

5)模量测试

如果需要进行模量测试,则安装引申计并运行"模量测试"程序。

6)测试完成

当试样破损时,机器将自动停止。点击"导出"图标,并在框中输入文件名(* . txt)。

7)删除示例

按数字控制器上的"返回"按钮使上下把手自动恢复到原来的位置。

重复这个步骤来测试更多的试样。

清理试样上的碎片。

3.1.5　实验数据处理

(1)整理实验结果。

计算拉伸强度、拉伸模量,并对该组实验数据(至少完成3件)进行统计分析。

a. 拉伸强度。

采用式(3-1)计算拉伸强度,保留三位有效数字。

$$F_{tu} = \frac{P_{max}}{A} \tag{3-1}$$

式中,F_{tu}为拉伸强度(MPa);P_{max}为破坏前的最大载荷(N);A为试样横截面积(mm^2)。

b. 应力。

采用式(3-2)计算应力,保留三位有效数字。

$$\sigma_i = \frac{P_i}{A} \tag{3-2}$$

式中 σ_i 为第 i 个数据点的应力(MPa);P_i 为第 i 个数据点的载荷(N)。

  c. 拉伸模量。

  采用式(3-3)计算拉伸模量,保留三位有效数字。

$$E_{chord} = \frac{\sigma_A - \sigma_B}{\varepsilon_A - \varepsilon_B} \cdot 10^3 \tag{3-3}$$

式中,E_{chord} 为拉伸模量(GPa);ε_A 为应变最接近 $1\,000\,\mu\varepsilon$ 的数据点的应变值($\mu\varepsilon$);σ_A 为应变最接近 $1\,000\,\mu\varepsilon$ 的数据点的应力值(MPa);ε_B 为应变最接近 $3\,000\,\mu\varepsilon$ 的数据点的应变值($\mu\varepsilon$);σ_B 为应变最接近 $3\,000\,\mu\varepsilon$ 的数据点的应力值(MPa)。

  d. 统计。

  对于每一组实验,计算每一种测量性能的平均值、标准差和离散系数(以百分比表示):

$$\bar{x} = \frac{\sum\limits_{i=1}^{n} x_i}{n} \tag{3-4}$$

$$s_{n-1} = \sqrt{\frac{\sum\limits_{i=1}^{n} x_i^2 - n\bar{x}^2}{n-1}} \tag{3-5}$$

$$CV = 100 \cdot \frac{s_{n-1}}{\bar{x}} \tag{3-6}$$

式中,$\bar{x}$ 为试样的平均值;s_{n-1} 为试样的标准差;CV 为试样的离散系数(%);x_i 为第 i 个试样的性能值;N 为试样数量。

  (2)绘制应力应变曲线。

3.1.6 思考与讨论

  (1)哪些因素对拉伸性能的结果有显著影响?

  (2)讨论实验结果出现偏差的原因。

  (3)在航空航天材料开发过程中,实际测量往往比理论计算或者标准样条测试更加复杂。现有一款软木材料,用于某机型的技术验证工作,需要测量其力学性能。该款材料密度较小、质地较软,直接夹持测量会导致试样被破坏。请运用所学实验知识设计并完成该项实验。

3.2　复合材料弯曲实验

3.2.1　实验设备

本实验采用的设备是万能力学实验机,如图 3-1 所示,详见 3.1.1 节。

3.2.2　实验原理

本实验的试样为环氧树脂纤维增强复合材料样条,加载方式及位置布置如图 3-4 所示。集中载荷 F 作用在样条上,被测量的样条中段承受弯曲载荷作用,在弹性范围内其形变服从胡克定律,即形变与受力成正比。纵向应力与纵向应变的比例常数就是材料的弹性模量 E,也叫杨氏模量。

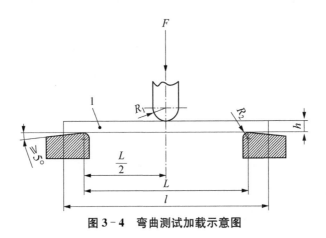

图 3-4　弯曲测试加载示意图

测定材料弯曲弹性模量 E 一般采用比例极限内的弯曲实验,材料在比例极限内服从胡克定律,其载荷与形变的关系为

$$\Delta l = \frac{Fl_0}{ES_0} \tag{3-7}$$

若已知载荷 F 及试样尺寸,则只要测得试样弯曲变化量 Δl 或纵向应变即可得到弹性模量 E。

$$E = \frac{Fl_0}{\Delta l S_0} = \frac{F}{\varepsilon S_0} \tag{3-8}$$

如果 F 超过弹性形变阶段,并继续作用于样条直到其断裂或形变达到预定值,则其应力-应变曲线的最高点就是弯曲强度。如图 3-5 所示,曲线 a 表明试样在屈服前断裂,曲线 b 表明试样在屈服后断裂,曲线 c 表明试样在达到规定形变量前,既不屈服也不断裂。

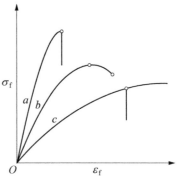

图 3-5   弯曲应力随弯曲应变
变化的典型曲线图

3.2.3   实验步骤

(1)试样状态调节:为了降低温度和湿度对实验结果的影响,预先将样条放置于稳定的实验室环境至少 24 h。

(2)用游标卡尺测量样条跨距的两端和中央的 3 个截面上的宽度和厚度,取其平均值,并计算出 S_0。

(3)安装并紧固弯曲夹具(上/下),若夹具已安装到实验机上,则对夹具进行检查,并设置好跨距位置。

(4)开启实验机,开机顺序为计算机—实验机—软件。

(5)点击实验部分里的新实验,选择相应的实验方案(设置方案时,特别注意设置好超载保护),输入试样的参数。

(6)将试样放置于夹具上后,开始实验。开始前注意消除上夹具自重,将力值清零。

(7)分别测试完模量和强度后,导出相应曲线和结果。

(8)关机,关机顺序为软件—实验机—计算机。

3.2.4   实验数据处理

记录实验结果。

3.2.5   思考与讨论

(1)在哪种应用工况下,需要对材料进行弯曲性能实验?

(2)哪些因素对弯曲性能结果影响较大?

(3)试讨论实验结果中出现偏差的主要原因。

(4)设计一个实验,研究跨距和测试速度对实验结果的影响。

4 推进系统实验

本部分实验主要目的是介绍推进系统中的基本理论,包含 2 项实验内容。从动力风扇开始,通过实验得到动力风扇在稳定速度下的风扇特性曲线,对动力系统性能测试有一个基本了解。同时,通过实际启动喷气发动机并操作数据记录软件记录相关数据,预估发动机的推力。使学生通过对推进系统的实际操作获得对推进系统的特性和推力估计的基本了解,为后续的专业课程学习打下基础。

4.1 风扇系统特性测试

4.1.1 实验设备

实验设备如图 4-1 所示,包括一个感应动力风扇、透明的水的入口管道和出口管道等。出口管道底部的可变孔径可以卸载不同的输出压力,入口管道处

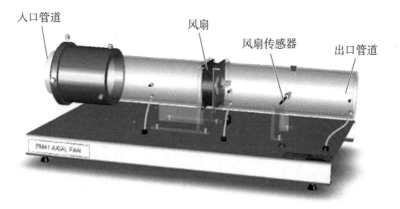

图 4-1 风扇系统特性测试实验设备

的锐孔可以测量空气流速。

　　测试系统配备电子压力传感器。逆变器可以为发动机提供一个输出信号，以显示发动机的力矩和速度。这些传感器和逆变信号被送到计算机界面，由计算机输出至信号控制发动机。

　　图 4-1 中，风扇是动力感应式的轴流式风扇，安装在透明管道间，以便观察风扇的运动；入口管道由透明的丙烯酸制成，内径为 123 mm，入口锐孔的直径为100 mm；在入口管道中安装有一个电子温度传感器，用于测量入口空气温度；出口管道由透明的丙烯酸制成。出口管的内径也为 123 mm。

4.1.2　实验原理

　　泵制造商和风机系统设计师需要一种指示风机性能的方法，以便为任意给定的系统按性能要求选择正确的风机。设计人员希望选择一个能够在典型系统条件下产生所需流量和压差的、在正常使用情况下高效运行的风机。

　　如图 4-2 所示，可通过绘制风扇功率、风扇效率和在风扇转速恒定的整个范围内相对于流量产生的总压曲线来表示所需信息种类。

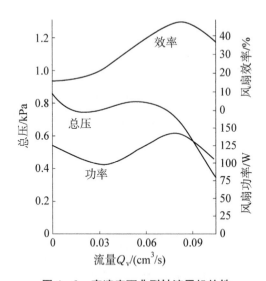

图 4-2　定速度下典型轴流风机特性

　　当把恒定效率线叠加在风扇转速范围的图表上时，可获得泵性能的特征曲线，如图 4-3 所示。

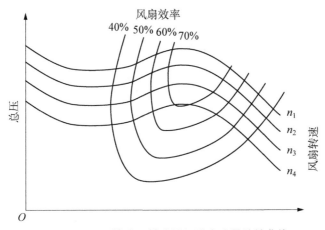

图 4-3 不同转速下轴流风机增大流量特性曲线

4.1.3 实验前准备

（1）检查出口孔径是否完全打开。

（2）检查传感器和 FM41 的电源线是否与 IFD7 前面的插座相连。

（3）IFD7 连接合适的电源,计算机与 IFD7 通过 USB 连接。检查 IFD7 上的红绿指示灯是否亮着。

（4）运行 FM41 软件。

（5）打开 IFD7 电源,用前面的开关打开 IFD7。

（6）在软件模拟图上,选择"FAN ON"按钮打开 FM41,检查绿色指示灯是否亮着。

（7）检查传感器的读数是否在一个合适的范围内,风扇不转时空气速度和压力读数是否为 0,温度读数是否为室温。

4.1.4 实验步骤

（1）将风扇转速设置为最大,记录下风扇的转速。

（2）记录空气温度、锐孔压差、风扇压差,选择"GO"按钮可以得到发动机的功率。

（3）对空气速度选择一个增量值,可以得到 10～15 个空气速度。

（4）关闭孔径增加空气速度,选择"GO"按钮。

（5）重复上一步操作,调整孔径,将风扇设置到合适的转速,选择"GO"按钮记录数据。

（6）继续操作直到孔径完全关闭。

4.1.5 实验数据处理

利用软件记录如表 4-1 所示数据。

表 4-1 软件记录的数据信息

参　数	数　据
入口温度 $T/℃$	
锐孔压力 p_1/Pa	
风扇压差 p_2/Pa	
风扇设置/%	
风扇转速 n/Hz	
机械功率(输入)P_m/W	

根据上述数据,软件可计算如表 4-2 所示数值。

表 4-2 软件计算的数据值

参　数	数　据
空气密度 $\rho_{air}/(kg/m^3)$	
入口速度 $v_1/(m/s)$	
出口速度 $v_2/(m/s)$	
流量 $Q_v/(m^3/s)$	
风扇总压 p_{tF}/Pa	
风扇功率(输出)P_u/W	
风扇效率 $E_{gr}/\%$	

在同一组轴上,绘制每个转速设置下风扇总压与容量(排放量)的关系图,并依据数据表绘制如理论部分的图 4-2 所示的等效效率线。选择适当的效率值(已给出 2~4 行)使用 Origin 等科学绘图软件绘制等效效率线。

4.1.6 思考与讨论

(1) 分析所得图表中的数据信息。

(2) 实验数据与理论给出的例子相比如何?

(3) 用图表描述风机的性能特性。

4.2　喷气发动机推力测定实验

4.2.1　实验设备

实验设备是 Armfield CM14 燃气轮机发动机，它是一个独立的小型燃气轮机发动机演示系统，包括落地式支架、发动机模块、电子控制台和一个单独的燃油箱，如图 4-4 所示。发动机采用全仪表化设计，每个阶段都配有显示温度和压力的传感器，允许对燃气轮机发动机进行全面的理论分析。该发动机通过喷嘴提供推力。本实验的目的在于演示航空燃气轮机发动机的原理和特性。

图 4-4　喷气发动机推力测定实验装置

发动机本身是一个紧凑型燃气轮机发动机，包括离心式压缩机、点火和燃烧系统、轴流式涡轮和出口喷嘴。发动机还有一个电动起动马达，位于燃气轮机入口前部管道内（见图 4-5 中黑色部分）。这台发动机是由一个径向压缩机和一个轴流涡轮组成的，它的优异性能在很大程度上归功于其低质量涡轮。这一特性使得涡轮喷气发动机能够对速度变化做出非常快速的响应，从最小转速到最

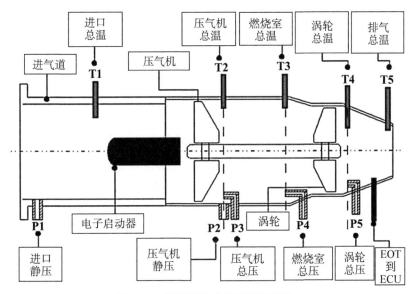

图 4-5　发动机传感器位置示意图

大转速的响应时间小于 4 s,从最大转速到最小转速的响应时间仅为 3 s。其燃烧室是环形的,通过混合轴承支撑轴,混合轴承由燃料进行润滑和冷却(必须含 4.5%的 Aeroshell 500 涡轮机油),因此电机不需要单独的润滑系统或油箱。图 4-5 显示了该发动机允许测量压力或温度的点的位置。

4.2.2 实验原理

如图 4-6 所示,由动量方程可知,系统受到的推力由以下四项贡献之和组成:

$$T_c = \dot{m}_a(u_{out} - u_{in}) + \dot{m}_f u_{out} + A_e(p_e - p_{ext}) - A_{in}(p_{in} - p_{ext}) \quad (4-1)$$

前两项考虑了整个发动机内气流和燃料流动的动量变化,后两项考虑了当 p_{ext} 是外部环境压力时进气口和排气口部分具有不同压力的影响。

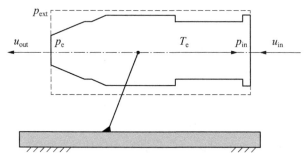

图 4-6　发动机工作时受力示意图

在许多应用中,后两项对推力的贡献通常远小于前两项。当满足这个条件时,动量方程可以简化为前两项。

$$T_c = \dot{m}_a(u_{out} - u_{in}) + \dot{m}_f u_{out} \quad (4-2)$$

当飞机以设计速度飞行时,通常会满足这个条件,这个速度显然也是外部空气在发动机入口吸入的速度。设计转速是喷气发动机的一个重要参数,其值通常取决于许多因素,也可能因所考虑的特定应用而有很大差异。一般来说,可以认为其是 u_{in} 的值。在该值下,喷嘴出口段的气流压力等于外部压力(在飞机设计飞行的高度)。

此外,许多实际应用验证了以下条件:

$$u_{out} \gg u_{in} \quad (4-3)$$

这使得动量方程可以进一步简化为以下形式:

$$T_c = (\dot{m}_a + \dot{m}_f)u_{out} \tag{4-4}$$

通常情况下,空气质量流量比燃料流量大得多,因此可以应用以下简化方程:

$$T_c = \dot{m}_a u_{out} \tag{4-5}$$

为了估算发动机产生的推力,有必要测量空气质量流量和喷嘴出口处的排气速度。由于前风管的存在,通过发动机的空气质量流量由 Armfield 软件给出,而流量的输出速度可以通过多种方式获得。一种方式是使用位于喷嘴出口部分的皮托管探头直接测量出口速度。此外,将理论公式应用于实验数据(包括一些近似值),也可以估算这种速度,比如,可以估算预期的推力范围。

可压缩流中的声速通过以下公式得出:

$$a = \sqrt{\gamma R T} \tag{4-6}$$

在环境温度 $(T_a = 298\,\text{K})$ 附近的温度下,空气的声速约为 $346\,\text{m/s}$,这意味着在入口处空气流远非声速。可以使用以下公式计算发动机入口处的近似最大转速:

$$m_a = \dot{\rho} u_{in} A_{in}^* \tag{4-7}$$

在这个公式中,考虑由于入口喷管几何形状引起的缩腔效应:

$$A_{in}^* = C_D A_{in} = 0.62 \cdot \left(\frac{\pi}{4}\right) \cdot (0.1)^2 \tag{4-8}$$

当考虑最小转速和最大转速时,在最小转速下,在入口处测得的平均空气质量流率约为 $4\,\text{kg/s}$,考虑到空气流量比质量的平均值为 $1.2\,\text{kg/m}^3$,可以估计入口处的速度 $u_{in,\,min} = 41\,\text{m/s}$。

同样地,在已知最大转速下测得的空气质量流率约为 $0.85\,\text{kg/s}$ 的情况下,可计算入口处的最大速度 $u_{in,\,max} = 145\,\text{m/s}$。

这证明了在所有实验条件下发动机入口亚声速流动的假设是正确的。

压缩机和涡轮的存在不会显著影响整个发动机内流速的轴向分量,且声速与温度的平方根成正比。这允许假设在所有实验条件下,亚声速流贯穿发动机直至涡轮出口段。

很明显,入口压力等于外部压力(环境压力)。

$$p_{in} = p_{out} \tag{4-9}$$

因此,动量方程中的最后一项可以忽略,可应用以下简化方程:

$$T_c = \dot{m}_a(u_e - u_{in}) + \dot{m}_f u_e + A_e(p_e - p_{ext}) \tag{4-10}$$

在这个方程中,u_{out} 被重新命名为 u_e,即喷嘴出口段的流速。为了估算推力,必须确定该速度下喷嘴的出口段压力 p_e,而出口截面积是可直接测量的。此外,由于燃料质量流量产生的推力总是空气质量流量的一小部分,因此可以忽略不计。

$$T_c = \dot{m}_a(u_e - u_{in}) + A_e(p_e - p_{ext}) \tag{4-11}$$

为了确定 u_e 和 p_e,可以考虑用喷嘴的等熵模型作为实际喷嘴的近似。该设备可用于确定喷嘴入口 T4 和 P5 处的总参数,根据该模型,可得以下公式:

$$t_4 \left(1 + \frac{\gamma - 1}{2} Ma_4^2\right) = t_4 \left(1 + \frac{\gamma - 1}{2} Ma_e^2\right) = T_4 \tag{4-12}$$

式中,t_4 为涡轮后实际温度;T_4 为涡轮后测量温度。

喷嘴入口处的最小和最大马赫数 Ma_4 可根据在该段分别测量的最小和最大流量条件下的温度进行估算。

由于发动机中进行的燃烧,整个发动机内的气流温度会升高。在涡轮发动机的出口部分,在可用的最低转速下测得温度约为 564 ℃,当转速增加到最高转速时的温度最大值约为 840 ℃。

$$Ma_{1,\,min} = \frac{41}{\sqrt{\gamma R \cdot 873}} \approx \frac{41}{580} \approx 0.07$$

$$Ma_{1,\,max} = \frac{145}{\sqrt{\gamma R \cdot 1\,113}} \approx \frac{145}{669} \approx 0.22$$

考虑到这些值足够低,允许以下近似 $t_4 \approx T_4$ 和 $t_e \approx T_5$,因此有

$$Ma_e = \left[\left(\frac{T_4}{T_5} - 1\right) \cdot \frac{2}{\gamma - 1}\right]^{\frac{1}{2}} \tag{4-13}$$

使用这个方程可以计算出下列值:$Ma_{e,\,min} \approx 0.34$;$Ma_{e,\,max} \approx 0.54$。

根据出口段马赫数和相应温度的值,可以估计出两种情况下的出口速度:

$$Ma_{e,\,min} \approx 0.34\sqrt{\gamma R T_5} \approx 0.34\sqrt{1.33R \cdot 818} \approx 0.34 \cdot 562 \approx 191\,\text{m/s}$$

$$Ma_{e,\,max} \approx 0.54\sqrt{\gamma R T_5} \approx 0.54\sqrt{1.33R \cdot 1\,052} \approx 0.54 \cdot 633 \approx 342\,\text{m/s}$$

因此,使用以下公式,可以分别计算最小转速和最大转速下的出口压力。

p_5的平均值在最小转速下为 $3\,\mathrm{kPa}$,而在最大转速下为 $49\,\mathrm{kPa}$。

$$p_e = \frac{p_5}{\left(1+\dfrac{\gamma-1}{2}Ma_e^2\right)^{\frac{\gamma}{\gamma-1}}} \qquad (4-14)$$

$$p_{e,\,min} \approx \frac{3+101}{(1+0.2\cdot0.34^2)^{3.5}} \approx 96(\mathrm{kPa})$$

$$p_{e,\,max} \approx \frac{49+101}{(1+0.2\cdot0.54^2)^{3.5}} \approx 123(\mathrm{kPa})$$

最后,可以预估在这两种情况下产生的推力:

$$T_{c,\,min} \approx 0.25(191-41)+A_e(96-101) \approx 22(\mathrm{N})$$

$$T_{c,\,max} \approx 0.85(316-145)+A_e(123-101) \approx 211(\mathrm{N})$$

4.2.3　实验步骤

(1) 打开 Asasa 电子控制台上的主开关,将控制软件加载到用户计算机上,选择图表屏幕的视图,这将显示发动机的模拟图,并在其上叠加传感器的读数。此屏幕显示发动机的参数,如轴转速、推力、压力和温度,如图 4-7 所示。

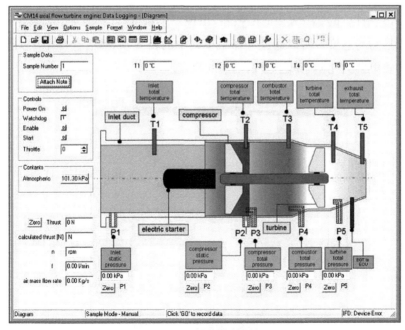

图 4-7　操作软件界面

（2）在起动发动机并获取任意结果之前，应单击此函数提供的所有传感器编辑字段上的"零"按钮，以补偿传感器中的残余误差。

（3）为了正确起动发动机，需要按照正确的顺序执行以下操作：点击屏幕上的"Power On"按钮—点击屏幕上的"Enable"按钮—点击屏幕上的"Start"按钮，启动程序仅在点击"Start"按钮时启动。在启动程序完成之前，不需要做任何事情。点击"Start"按钮时，电动起动机将尝试起动发动机。在实验的这一阶段，丙烷从碳罐中流出，进入燃烧室，在燃烧室中定期点燃火花塞。

（4）设置数据记录格式，包括采样频率和速度等。

（5）在发动机运行时点击"Start"按钮将启动断电程序。此程序由发动机控制单元监控，可使发动机柔和冷却，以避免过度的热应力。当此程序激活时，发动机控制单元将使发动机在短时间内全速运转，以使发动机及其滚珠轴承中有足够的润滑剂和燃油流量。当只注入丙烷而不添加任何润滑剂时，该润滑剂将在下一次启动过程中被重复使用。

（6）此后不久，设备会突然停机，发动机停止运转。但电子控制单元会定期启动电起动装置，以允许冷空气从外部环境中进入发动机，直到喷嘴温度低于88 ℃。

4.2.4　实验数据处理

点击软件中的"View graph"按钮，出现一个新窗口（见图 4-8），其中显示默认图表推力与速度。可以通过选择菜单栏中的格式项，然后选择子项图形数据来将图表配置为在两个轴上显示不同的数量。

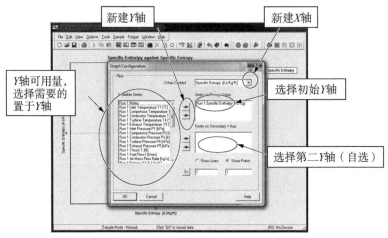

图 4-8　数据记录设置窗口

在此窗口中，可以选择要在次要 Y 轴上显示的项目"CALCULATED THRUST"，这使得测量的推力和计算的推力可以在图表中沿着所有可用的速度范围进行比较。

4.2.5 思考与讨论

讨论理论计算的推力与实验结果之间的偏差。

5 自动控制实验

本部分实验主要目的是介绍自动控制原理中的基本定理,包含 2 项实验内容。通过旋转运动控制实验和位置控制实验,使学生对控制系统中传递函数推导、系统测试有基本的了解,熟悉 MATLAB 在控制系统模型建立和仿真中的应用,为后续的专业课程学习打下基础。

5.1 旋转运动控制实验

5.1.1 实验设备

实验设备如图 5-1 所示,包括电源功放模块、数据采集卡、SRV02 伺服对象、一台计算机以及所需要的软件。

SRV02 伺服对象　　　　　　电源功放模块　　　　　MultiQ 数据采集卡

图 5-1　旋转运动控制实验设备

设备安装了一个 MicroMo Coreless(2338S006)直流电机,这个电机相对一般的电机而言具有高效、低感应的特点,因此具有非常快的响应。给电机输入高频信号会损坏齿轮传动系统和电刷。一般说来,高频噪声最主要的来源是微分反馈信号。当微分反馈增益很高时,带有噪声的电压信号将被反馈给电机。为了保护电机,应保证反馈信号的带宽小于 50 Hz。

5.1.2 实验原理

注意信号源所对应的电缆类型。编码器采用两端都是 5 针的电缆,与 MultiQ 接口板的"Encoder ♯0"连接。电机信号采用 RCA 接头到 5 针的电缆,从 MultiQ 接口板的模拟输出端 0 连接到 UPM 控制器上的"From D/A"。信号经放大后输入到电机,电机电压信号采用 6 针到 4 针的电缆(增益=1),由 UPM 控制器上的"To Load"连接到电机接头。电位计信号通过两端都是 6 针微型接头的电缆,连接到 UPM 控制器上的"S1"。转速计信号通过两端都是 6 针微型接头的电缆,连接到 UPM 控制器上的"S3"。此外,UPM 控制器上的"To D/A (S1)"与接口板上的模拟输入端口 0、端口 2 相连接;UPM 控制器上的"To D/A (S2)"与接口板上的模拟输入端口 1 相连接,均采用 5 针接头到 4 个 RCA 接头的电缆线。总体接线情况如图 5-2 所示,其中 5 号线不需要连接。

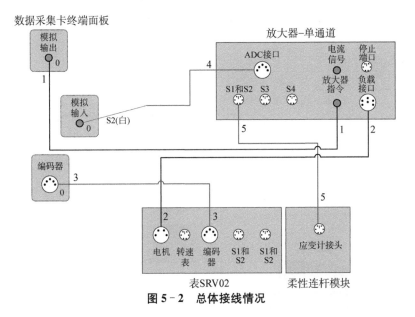

图 5-2 总体接线情况

5.1.3 实验前准备

按上述步骤连接好系统后,确认 MultiQ 接口板上的指示灯正常,就可以打开 UPM 的电源了。如果 MultiQ 接口板上的指示灯不亮,则需要联系实验老师更换上面的保险丝。

1) 模型的建立

打开 MATLAB 2018a,建立如图 5-3 所示的 Simulink 框图。其中的编码器模块在 Simulink 中的 Quanser 工具箱里。

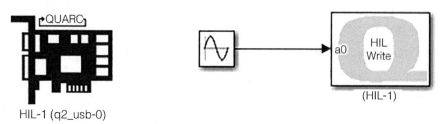

HIL-1 (q2_usb-0)

图 5‑3　Simulink 框图

　　注意所选的编码器模块应与所使用的数据采集卡相对应，本实验应选 "usb_q2"，软件预览图与实际采集卡外观匹配说明操作正确，如图 5‑4(a)所示。

　　进一步，双击执行模块"HIL Write"，在"Board name"下拉选项里选择配置好的采集卡(HIL‑1)，将其与硬件执行器连接起来，如图 5‑4(b)所示。

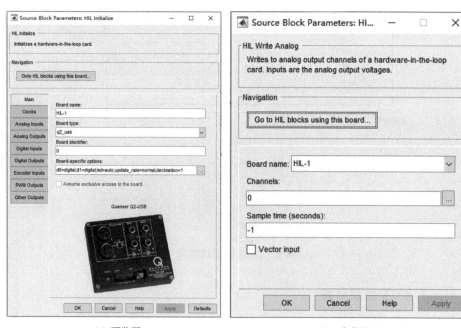

（a）预览图　　　　　　　（b）参数设置

图 5‑4　模块设置

2) 编译模型

正弦波形(Sin wave)的参数，如幅度、频率、相位等可按照需求输入，如图

5-5所示。

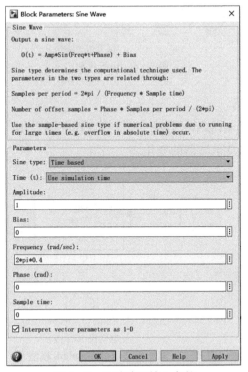

图 5-5　正弦波形输入参数

3）实时代码的运行

编辑好模型后，点击"Build"建立模型，然后点击"Connect To Target"连接硬件，最后点击"Run"开始运行程序，按钮具体位置如图5-6所示。

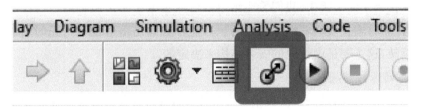

图 5 - 6　运行代码

4）实时数据显示

如图 5 - 7 所示,添加示波器按钮,观察输入电压变化。调节输入波形参数后,再观察执行器以及示波器的变化。

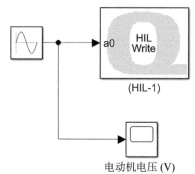

图 5 - 7　添加示波器的 Simulink 模型

5）向电机输出一个恒定电压

电机的电压输入模块如图 5 - 8 所示,将正弦波形更换为恒定电压,将电压设置为 1 V,经功率放大后驱动直流电机,此时电机将沿顺时针方向旋转。改变输入模块的值将改变电机的转速,改变输入模块值的符号将改变电机的旋转方向。

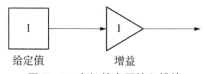

图 5 - 8　电机的电压输入模块

在接下来的实验中,我们希望给电机输入正电压时负载轴沿逆时针旋转运动,因此需将增益模块的增益值设为 -1,这样当输出信号模块为正时负载将逆时针旋转,这主要是由齿轮的安装结构来决定的。

6）转速计的测量

转速计产生的是一个模拟信号。利用如图 5 - 9 所示的模拟输入模块来测量与转速计相连的模拟输入端口 2 的信号。

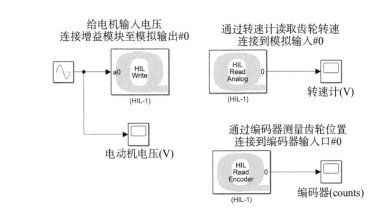

图 5 - 9 转速计信号测量

5.1.4 实验步骤

(1) 给线性系统提供一个正弦输入信号,记录产生的输出正弦波。

(2) 保持输入的正弦波振幅恒定,改变频率,每设置一个频率,记录输出正弦波的振幅。

(3) 测量负载轴的速度,并在 $f = 0$ Hz 时输入数据处理表中的测量值。测量值可直接从示波器中得到。

(4) 在 $f = 1.0$ Hz 时,测量负载轴的最大正速度、输出振幅,计算增益并填写到数据处理表中。

(5) 重复步骤(4),将频率增加到 $f = 2.0$ Hz,测量最大速度并计算增益,完成 $f = 10.0$ Hz 时的数据测试及计算,记录到数据处理表中。

(6) 点击 Simulink 图工具栏的"停止"按钮(或从菜单中选择 QUARC | Stop)来停止实验。

(7) 如果在本次任务中没有更多的 SRV02 实验,则关闭放大器电源。

5.1.5 实验数据处理

将上述实验获得的数据填入表 5 - 1 中,忽略 $f = 0$ Hz 时的输入数据,制作伯德图(输入振幅为 2.0 V)。伯德图可以用来找到稳态增益(DC 增益),以及该系统的时间常数。定义比最大增益(DC 增益)少 3 dB 的增益处的频率为截止频率 ω_c,当工作在非线性分贝范围时,定义增益为最大增益的 $\frac{1}{\sqrt{2}}$ 或 0.707 倍处的频率为 3 dB。截止频率也被称为系统的带宽,表征系统对一个给定输入的响应速度变化情况。

表 5-1 旋转运动实验数据处理表

频率/Hz	最大速度/(rad/s)	输出振幅/V	增益/[rad/(s·V)]
0.0			
1.0			
2.0			
3.0			
4.0			
5.0			
6.0			
7.0			
8.0			

计算系统的截止频率 ω_c。

5.1.6 思考与讨论

(1) 如何将示波器中的曲线导出？

(2) 如何提高读取对应点的精度？

5.2 位置控制实验

5.2.1 实验设备

实验设备如图 5-1 所示，详见 5.1.1 节。

5.2.2 实验原理

1）所需的位置控制响应

如图 5-10 所示的框图是一个一般的单位负反馈系统，它有一个补偿器（控制器）$C(s)$ 和一个代表设备的传递函数 $P(s)$。测得的输出 $Y(s)$ 应该能够跟

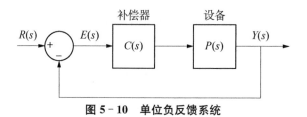

图 5-10　单位负反馈系统

踪参考信号 $R(s)$，$E(s)$ 为误差函数，且跟踪信号应能匹配所需的规格。

此系统中的输出可以写为

$$Y(s) = C(s)P(s)[R(s) - Y(s)] \tag{5-1}$$

求解 $Y(s)$，我们可以得到闭环传递函数：

$$\frac{Y(s)}{R(s)} = \frac{C(s)P(s)}{1 + C(s)P(s)} \tag{5-2}$$

SRV02 负载轴的角速度与输入电机的电压的关系可以由下面的一阶传递函数描述：

$$\frac{\Omega_1(s)}{V_m(s)} = \frac{K}{(\tau s + 1)} \tag{5-3}$$

式中，$\Omega_1(s)$ 为负载轴角速度的拉普拉斯变换；$V_m(s)$ 为电机输入电压的拉普拉斯变换；K 为稳态增益；τ 为时间常数；s 为拉普拉斯算子。

我们给角速度传递函数串联一个积分器 $(1/s)$，将得到开环电压-负载齿轮位置的传递函数：

$$P(s) = \frac{K}{s(\tau s + 1)} \tag{5-4}$$

从这个等式中可以发现，该设备是一个二阶系统。事实上，当一个二阶系统串联反馈环路中的比例补偿器时，由此产生的闭环传递函数可以表示为

$$\frac{Y(s)}{R(s)} = \frac{\omega_n^2}{s^2 + 2\zeta\omega_n s + \omega_n^2} \tag{5-5}$$

式中，ω_n 为自然频率；ζ 为阻尼比。这就是所谓的标准二阶传递函数，其响应特性取决于 ω_n 和 ζ。

(1) 峰值时间和超调量。

考虑一个如式(5-5)所示的二阶系统，受到由式(5-6)给出的阶跃输入：

$$R(s) = \frac{R_0}{s} \tag{5-6}$$

式中，R_0 为振幅。图 5-11 为系统对该输入的响应，其中虚线是系统的响应(输出)$y(t)$，实线是阶跃输入 $r(t)$。响应的最大值记为变量 y_{max} 及其对应的发生时间 t_{max}。对类似于图 5-11 的响应，超调量表达式为

$$\mathrm{PO} = \frac{100(y_{\max} - R_0)}{R_0} \tag{5-7}$$

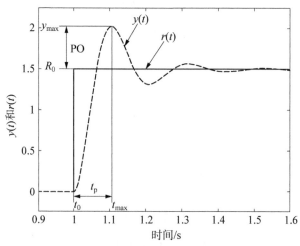

图 5 - 11　标准二阶阶跃响应

响应从初始阶跃时间 t_0 到达最大值的时间为

$$t_{\mathrm{p}} = t_{\max} - t_0 \tag{5-8}$$

这就是所谓的系统的峰值时间。

在一个二阶系统中,超调量完全取决于阻尼比参数,而且它可以按照以下公式计算:

$$\mathrm{PO} = 100 \mathrm{e}^{-\frac{\pi \xi}{\sqrt{1-\xi^2}}} \tag{5-9}$$

峰值的时间取决于系统的阻尼比和固有频率,可以推导出:

$$t_{\mathrm{p}} = \frac{\pi}{\omega_{\mathrm{n}} \sqrt{1-\xi^2}} \tag{5-10}$$

一般来说,阻尼比影响响应的形状,固有振动频率影响响应的速度。

(2) 稳态误差。

如图 5 - 12 所示是斜坡响应的稳态误差,由变量 e_{ss} 表示。它是系统响应稳定后,参考输入信号和输出信号之间的差异。因此,对于系统处于稳态时的时间 t,有

$$e_{\mathrm{ss}} = r_{\mathrm{ss}}(t) - y_{\mathrm{ss}}(t) \tag{5-11}$$

式中，$r_{ss}(t)$为稳态输入；$y_{ss}(t)$为稳态时的输出值。

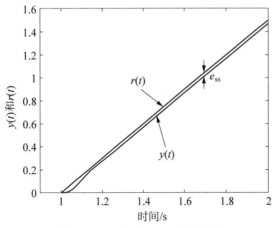

图 5‑12　斜坡响应的稳态误差

根据参考 $R(s)$、设备 $P(s)$和补偿器 $C(s)$，我们可以得到如图 5‑10 单位负反馈系统中的误差传递函数 $E(s)$。误差的拉普拉斯变换为

$$E(s) = R(s) - Y(s) \qquad (5-12)$$

将式(5‑2)求解的 $Y(s)$代入式(5‑12)，整理后可得：

$$E(s) = \frac{R(s)}{1 + C(s)P(s)} \qquad (5-13)$$

利用终值定理，我们可以得到这个系统的稳态误差：

$$e_{ss} = \lim_{s \to \infty} sE(s) \qquad (5-14)$$

在这个公式中，需要代入式(5‑13)中的传递函数来得到 $E(s)$。传递函数 $E(s)$需要 $C(s)$、$P(s)$和 $R(s)$。为简单起见，令补偿器 $C(s)=1$，$P(s)$和 $R(s)$分别由式(5‑4)和式(5‑6)给出。然后，该误差变成：

$$E(s) = \frac{R_0}{s\left[1 + \dfrac{K}{s(\tau s + 1)}\right]} \qquad (5-15)$$

应用终值定理可给出：

$$e_{ss} = R_0 \lim_{s \to 0} \left[\frac{(\tau s + 1)s}{\tau s^2 + s + K}\right] \qquad (5-16)$$

评估时,对于阶跃响应所产生的稳态误差 $e_{ss}=0$。

基于阶跃输入的 0 稳态误差可以得出 SRV02 是 1 型系统。

(3) SRV02 位置控制规格。

SRV02 负载轴位置控制的期望时域响应规格为 $e_{ss}=0$, $t_p=0.20\text{ s}$ 和 PO＝5.0%。

因此,当跟踪负载轴的参考信号时,响应峰值时间应小于或等于 0 s,超调量应小于或等于 5%,稳态响应应该没有误差。

2) PV 控制器设计

(1) 闭环传递函数。

用来进行位置控制的 SRV02 比例-速度(PV)补偿器具有以下结构:

$$V_m(t)=k_p[\theta_d(t)-\theta_1(t)]-k_v \cdot \frac{\mathrm{d}}{\mathrm{d}t}\theta_1(t) \tag{5-17}$$

式中,k_p 为比例控制增益;k_v 为速度控制增益;$\theta_d(t)$ 为设定值或参考负载轴角度;$\theta_1(t)$ 为测得的负载轴角度;$V_m(t)$ 为 SRV02 电机输入电压。PV 控制框图如图 5-13 所示,我们需要找到 SRV02 闭环位置控制的闭环传递函数 $\frac{\theta_1(t)}{\theta_d(t)}$。

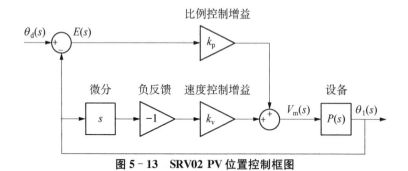

图 5-13 SRV02 PV 位置控制框图

将式(5-17)进行拉普拉斯变换,得到:

$$V_m(s)=k_p[\Theta_d(s)-\Theta_1(s)]-k_v s\Theta_1(s) \tag{5-18}$$

从图 5-4 的设备块和式(5-4),我们可以得到:

$$\frac{\Theta_1(s)}{V_m(s)}=\frac{K}{s(\tau s+1)} \tag{5-19}$$

把式(5-18)代入式(5-19)中,解出 $\frac{\theta_1(t)}{\theta_d(t)}$,得到 SRV02 位置闭环传递函

数为

$$\frac{\Theta_1(s)}{\Theta_d(s)} = \frac{Kk_p}{\tau s^2 + (1 + Kk_v)s + Kk_p} \qquad (5-20)$$

（2）控制器增益极限。

控制设计中要考虑的因素是饱和度，这是一个非线性元件，并且表示为一个饱和块，如图 5-14 所示。在一个类似于 SRV02 的系统中，计算机计算出一个数字控制电压值，然后将这个值转换成电压 $V_{dac}(t)$，这个过程由计算机中的数据采集设备的数字-模拟转换器实现。此后，由功率放大器将电压放大 K_a 倍。如果放大后的电压 $V_{amp}(t)$ 大于放大器的最大输出电压或电机的输入电压极限（两者中的较小值），那么在 V_{max} 时它是饱和的（有限的）。因此，输入电压 $V_m(t)$ 是应用于 SRV02 电机的有效电压。在设计控制器时，必须考虑到致动器的极限。例如，SRV02 电机的输入电压应不超过 10.0 V。

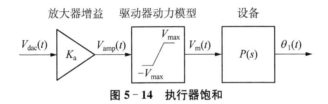

图 5-14 执行器饱和

（3）采用 PV 控制的斜坡稳态误差。

从以前的稳定状态分析，我们发现 SRV02 闭环系统是一个 1 型系统。在本节中，我们将探讨使用 PV 控制器对斜坡输入的稳态误差。

根据以下斜坡设定值（输入）：

$$R(s) = \frac{R_0}{s^2} \qquad (5-21)$$

把式（5-20）中的 SRV02 闭环传递函数代入式（5-12），可以得到误差传递函数。使用 SRV02 的变量，这个公式可以改写为 $E(s) = \theta_d(s) - \theta_1(s)$。整理后，我们发现：

$$E(s) = \frac{\Theta_d(s)s(\tau s + 1 + Kk_v)}{\tau s^2 + s + Kk_v + Kk_v s} \qquad (5-22)$$

把输入斜坡传递函数代入到 $\theta_d(s)$ 变量中得到：

$$E(s) = \frac{R_0(\tau s + 1 + Kk_v)}{s(\tau s^2 + s + Kk_v + Kk_v s)} \tag{5-23}$$

3) PIV 控制器

增加积分控制可以帮助消除稳态误差。我们将通过增加一个积分信号(中间分支如图 5-15 所示)得到一个比例-积分-速度(PIV)算法,来控制 SRV02 的位置。根据 PIV 算法,该电机所产生的电压如下:

$$V_m(t) = k_p[\theta_d(d) - \theta_1(t)] + k_i \int [\theta_d(d) - \theta_1(t)]dt - k_v\left[\frac{d}{dt}\theta_1(t)\right] \tag{5-24}$$

式中,k_i 为积分增益。我们需要找到 SRV02 闭环位置控制的闭环传递函数 $\dfrac{\theta_1(s)}{\theta_d(s)}$。对式(5-24)进行拉普拉斯变换得到:

$$V_m(s) = \left(k_p + \frac{k_i}{s}\right)[\Theta_d(s) - \Theta_1(s)] - k_v s\Theta_1(s) \tag{5-25}$$

从图 5-15 中的设备块和式(5-4)可以得到:

$$\frac{\Theta_1(s)}{V_m(s)} = \frac{K}{(\tau s + 1)s} \tag{5-26}$$

把式(5-25)代入式(5-26)中,解出 $\dfrac{\theta_1(s)}{\theta_d(s)}$,得到 SRV02 位置闭环传递函数为

$$\frac{\Theta_1(s)}{\Theta_d(s)} = \frac{K(k_p s + k_i)}{s^3\tau + (1 + Kk_v)s^2 + Kk_p s + Kk_i} \tag{5-27}$$

(1) 使用 PIV 控制器的斜坡稳态误差。

要得到 SRV02 PIV 控制下的斜坡输入的稳态误差,把式(5-27)得到的闭环传递函数代入式(5-12)中,得:

$$E(s) = \frac{\Theta_d(s)s^2(\tau s + 1 + Kk_v)}{s^3\tau + (1 + Kk_v)s^2 + Kk_p s + Kk_i} \tag{5-28}$$

然后,将参考斜坡信号的传递函数[式(5-21)]代入 $\theta_d(s)$,得:

$$E(s) = \frac{R_0(\tau s + 1 + Kk_v)}{s^3\tau + (1 + Kk_v)s^2 + Kk_p s + Kk_i} \tag{5-29}$$

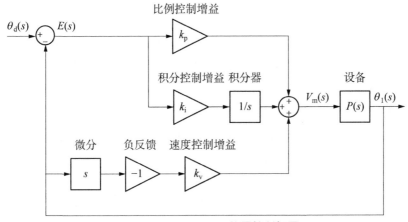

图 5 - 15   PIV SRV02 位置控制框图

（2）积分增益设计。

需要一定的时间量使跟踪斜坡参考输出响应达到零稳态误差，这就是所谓的稳定时间，它由积分增益值确定。

在稳定状态，斜坡响应误差是恒定的。因此，设计一个积分增益时，速度补偿器（V 信号）可以忽略不计。因此，我们可以得到一个 PI 控制器：

$$V_m(t) = k_p[\theta_d(d) - \theta_l(t)] - k_i\int[\theta_d(d) - \theta_l(t)]\mathrm{d}t \qquad (5 - 30)$$

在稳定状态时，表达式可以简化为

$$V_m(t) = k_p e_{ss} + k_i\iint_0^{t_i} e_{ss}\mathrm{d}t \qquad (5 - 31)$$

式中，t_i 为积分时间。

5.2.3   实验步骤

本部分将进行以下三个实验：

（1）PV 控制器阶跃响应。

（2）PV 控制器斜坡响应。

（3）无稳态误差斜坡响应。

其中，第三个实验需要自主设计。各个实验将首先对系统的闭环响应进行仿真，然后再使用 SRV02 的硬件和软件来操作控制器，以比较模拟响应和真实响应。

1) 使用 PV 控制器的阶跃响应

实验将首先模拟利用 PV 控制器在阶跃输入下的 SRV02 闭环响应,其目标是确保能够满足理想情况下所需的响应规格,并且验证电机是不饱和的。然后,实验将探索使用高通滤波器而非直接微分产生控制器的速度信号 V 的效果。

采用如图 5-16 所示的 Simulink 框图对系统响应进行仿真,过程分别使用 PV 控制器和 PIV 控制器。SRV02 的模型使用 Transfer Fcn 块(在 Simulink 库中)。PIV 控制子系统包含 PIV 控制器,详见 5.2.2 节。当积分增益设置为 0 时,它本质上变成了一个 PV 控制器。

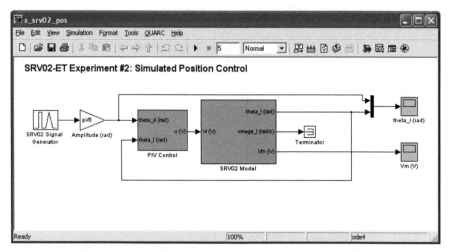

图 5-16 用于模拟 SRV02 闭环位置响应的 Simulink 模型

重要提示:进行这些实验之前,需要确保实验的文件根据 SRV02 设置正确配置。

(1) 输入比例和速度控制增益。

(2) 要生成阶跃参考信号,确保 SRV02 信号发生器按以下(3)设置。

(3) 信号类型为"square",振幅为 1,频率为 0.4 Hz。

(4) 在 Simulink 图中,设置幅值增益模块为 $\frac{\pi}{8}$(rad)来生成一个振幅为 45° 的阶跃信号(即 $\pm\frac{\pi}{8}$ 的方波将会产生振幅为 $\frac{\pi}{4}$ 的阶跃信号)。

(5) 在 PIV 控制子系统中,设置"Manaul Switch"到向上的位置,从而使用 Derivative block 块。

(6) 打开负载轴的位置示波器 theta_l(rad)和电机的输入电压示波器 $V_m(V)$。

（7）开始仿真。默认情况下，仿真运行持续 5 s，示波器显示响应与图 5-17 和图 5-18 类似。注意，在 theta_l(rad)的示波器中，黄色轨迹为设定位置，而紫色痕迹是模拟的位置（由 SRV02 模块产生）。此仿真被称为理想的 PV 响应，因为它使用 PV 补偿器与微分块。

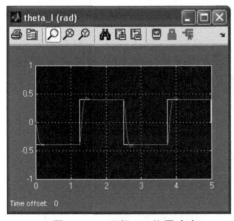

图 5-17　理想 PV 位置响应

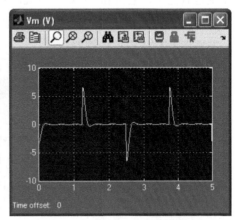

图 5-18　理想 PV 电机输入电压

（8）生成显示理想 PV 控制响应和理想输入电压的 MATLAB 图。每次仿真过后，示波器会自动把响应保存到一个 MATLAB 变量中，即 theta_l(rad)，示波器把响应数据保存在变量 data_pos 中，$V_m(V)$ 示波器把数据保存在 data_vm 变量中。data_pos 变量中第一列为时间，第二列为设置点，第三列为仿真角度。对于 data_vm 数据，第一列为时间，第二列为仿真输入电压。

（9）测量模拟响应的稳态误差、超调量和峰值时间。

（10）利用高通滤波器，而不是直接微分产生控制器的速度信号 V。

（11）在实际硬件上实现一个控制器时，一般不建议采用测量信号的直接微分。任何信号中的噪声或尖峰都会被放大，并与增益相乘后被反馈到电机，这可能会导致电机损坏。为消除速度信号中的高频噪声信号，可在微分环节中串联一个低通滤波器，即使用测量信号的高通滤波器。然而，由于控制器的使用，滤波器也必须进行正确的调谐。此外，该滤波器还具有一定的负面影响。进入 PIV 控制块并设置手动开关块到向下位置，以使用高通滤波器。

（12）开始模拟，示波器中的响应仍然应该类似于图 5-17 和图 5-18。因为使用了 PV 控制器与高通滤波器块，这种模拟被称为 Filtered PV 响应。

（13）测量稳态误差、峰值时间和超调量，判断其规格是否仍然满足不使执行器饱和。

进一步,我们将使用 PV 控制器来控制 SRV02 负载轴,即光盘加载的角位置,然后得到测量值,确保满足其规格。

利用如图 5 - 19 所示的 Simulink 图来实现位置控制实验。SRV02 - ET 子系统包含与 DC 电机和 SRV02 系统的传感器连接的 QUARC 块。除一个高通滤波器用来取得速度信号(而不是采取直接微分)外,PIV 控制子系统实现了 5.2.2 节详述的 PIV 控制器。

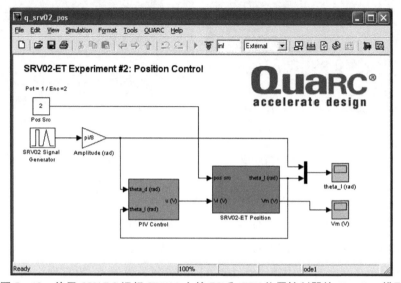

图 5 - 19 使用 QUARC 运行 SRV02 上的 PV 和 PIV 位置控制器的 Simulink 模型

重要提示:进行这些实验之前,需要确保实验的文件根据 SRV02 设置被配置。如果它们还没有被配置,则需要首先配置实验文件。

(1) 运行 setup_srv02_exp02_pos. m 脚本。

(2) 输入比例和速度控制增益。

(3) 设置 SRV02 信号发生器的信号类型为"square",从而产生阶跃参考信号。

(4) 设置振幅(rad)增益模块为 $\frac{\pi}{8}$,以产生振幅为 45°的阶跃。

(5) 打开负载轴的位置示波器 theta_l(rad)和电机的输入电压示波器 $V_m(V)$。

(6) 点击 QUARC|Build,编译 Simulink 图。

(7) 选择 QUARC|Start,开始运行控制器。示波器上的显示响应应该类似

于图5-20及图5-21。记住在theta_l示波器中,黄色曲线是给定的位置,而紫色痕迹是测量的位置。

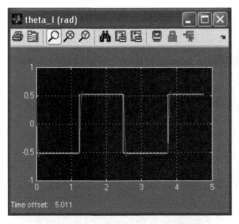 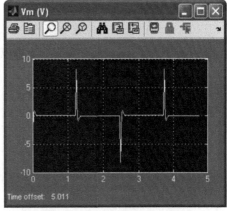

图5-20　测量的 PV 阶跃响应　　　　　图5-21　PV 控制输入电压

(8) 当得到合适的响应后,点击 Simulink 工具栏上的"停止"按钮(或从菜单中选择 QUARC|Stop),停止运行代码。生成的 MATLAB 图显示了 PV 位置响应及其输入电压。

当控制器停止时,每个示波器会自动将它的响应保存为 MATLAB 工作区的一个变量。因此,theta_l(rad)示波器会将它的响应保存为 data_pos 变量,V_m(V)示波器将它的数据保存为 data_vm 变量。

(9) 测量稳态误差、超调量和 SRV02 负载齿轮的峰值时间。

(10) 点击 Simulink 工具栏上的"停止"按钮(或从菜单中选择 QUARC|Stop),停止实验。

(11) 如果本次任务中没有更多的实验在 SRV02 上进行,则关闭放大器电源。

2) 使用 PV 控制器的斜坡响应

该仿真的目标是验证,利用 PV 控制器时该系统能满足零稳态误差规范。

(1) 输入比例和速度控制增益。

(2) 按照以下内容设置 SRV02 信号发生器参数,产生一个三角参考信号(对应一个斜坡输入):信号类型为三角,振幅为1,频率为0.8Hz。

(3) 使用示波器将产生一个增加和减少的斜坡信号,根据三角波形的幅度、放大倍数和频率 f,使用表达式 $R_0 = 4\,\mathrm{Amp}\,f$ 计算斜率。

（4）在 Simulink 图中设置幅度增益模块（rad）为 $\frac{\pi}{3}$。

（5）在 PIV 控制子系统内部设置手动切换到向下位置来使用高通滤波器块。

（6）打开负载轴的位置示波器 theta_l（rad）和电机的输入电压示波器 $V_{\mathrm{m}}(V)$。

（7）开始模拟。示波器显示的响应应与图 5 - 22 和图 5 - 23 相似。

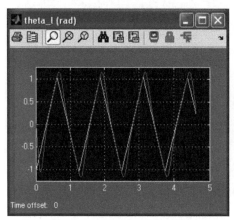

图 5 - 22　使用 PV 的斜坡响应　　　图 5 - 23　使用 PV 斜坡跟踪的输入电压

（8）生成一个 MATLAB 图，显示 Ramp PV 位置响应及其相应的输入电压踪迹。

（9）测量稳态误差。

进一步，使用 PV 控制器控制 SRV02 负载轴，即光盘负载的角位置，其目标是研究系统如何很好地跟踪一个三角形（斜坡）位置输入信号，然后采取测量值，确保可以满足其规格。

与上节中的阶跃响应实验类似，本实验还需要使用如图 5 - 19 所示的 Simulink 图以实现位置控制实验。

（1）运行 setup_srv02_exp02_pos. m 脚本。

（2）输入比例和速度控制增益。

（3）按以下内容设置 SRV02 信号发生器参数，生成一个三角形参考信号（即斜坡参考）：设置信号类型为三角，振幅为 1，频率为 0. 8 Hz。

（4）在 Simulink 图中，设置幅度（rad）增益模块为 $\frac{\pi}{3}$。

（5）打开负载轴的位置示波器：theta_l（rad）和电机的输入电压示波器 $V_{\mathrm{m}}(V)$。

（6）点击 QUARC|Bulid，编译 Simulink 图。

（7）选择 QUARC|Start，运行控制器。

（8）生成一个 MATLAB 图，显示 Ramp PV 位置响应及其相应的输入电压踪迹。

（9）测量稳态误差。

5.2.4　实验数据处理

将保存在示波器上的采集到的数据及现象截图写入实验报告。同时设计一个实验，观察当跟踪斜坡输入时，是否可以消除稳态误差。

5.2.5　思考与讨论

（1）如何修改 PV 控制器来消除斜坡响应中的稳态误差？ 说出你的假设，并描述预期的导致预期结果的原因和影响。

（2）所设计的 PV 补偿器是基于模型的控制器，这意味着控制增益是在系统的数学表示基础上产生的。鉴于此，列出你在设计这个控制时的假设并陈述假设的原因。

6 振动实验

　　振动实验是航空航天专业振动力学的学习要点,主要目的是介绍振动力学中的基本定理。按照实验内容,可分为两部分。通过模态测试实验,了解模态分析原理,学会测力法(锤击法)模态测试及分析方法。通过振动测试与控制实验,了解振动测试与控制实验系统的组成、安装和调整方法,学会激振器、传感器与数据采集分析仪的操作、使用方法,并结合实验操作介绍振动力学中的基本定理,为后续专业课程学习打下基础。

6.1 模态测试实验

6.1.1 实验设备

本实验使用振动测试与控制实验系统,安装示意图如图 6-1 所示。

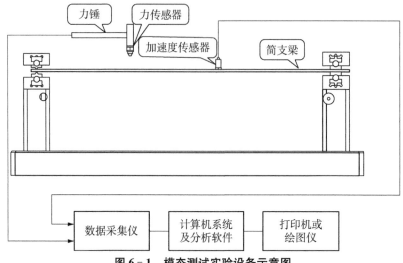

图 6-1 模态测试实验设备示意图

　　模态分析方法把复杂的实际结构简化成模态模型来进行系统的参数识别（系统识别），从而大大地简化了系统的数学运算。该方法通过实验测得实际响应来匹配相应的模型或调整预想的模型参数，这使其成为实际结构的最佳描述。

　　其主要应用为振动测量和结构动力学分析，可测得比较精确的固有频率、模态振型、模态阻尼、模态质量和模态刚度，也可用模态实验结果指导有限元理论模型的修正，使计算机模型更趋于完善和合理，还可以用来进行结构动力学修改、灵敏度分析和反问题的计算，以及响应计算和载荷识别等。

　　工程实际中的振动系统都是连续弹性体，其质量与刚度具有分布的性质，只有掌握无限多个点在各个瞬间的运动情况，才能全面描述系统的振动。理论上它们都属于无限多自由度的系统，需要用连续模型才能加以描述。但实际操作中无法实现，故通常采用简化的方法将其归结为有限个自由度的模型来进行分析，即将系统抽象为由一些集中质量块和弹性元件组成的模型。如果简化的系统模型中有 n 个集中质量，则它一般是一个 n 自由度的系统，需要 n 个独立坐标来描述其运动，系统的运动方程是 n 个二阶互相耦合（联立）的常微分方程。

　　模态分析是在承认实际结构可以运用所谓的"模态模型"来描述其动态响应的条件下，通过实验数据的处理和分析寻求其"模态参数"，是一种参数识别的方法。

6.1.2　实验原理

　　模态分析的实质是一种坐标转换，其目的在于把原来物理坐标系中描述的响应向量放到所谓的"模态坐标系"中来描述。这一坐标系的每一个基向量恰是振动系统的一个特征向量，也就是说在这个坐标下，振动方程是一组互无耦合的方程，分别描述振动系统的各阶振动形式，每个坐标均可单独求解，以得到系统的某阶结构参数。

　　经离散化处理后，一个结构的动态特性可由 N 阶矩阵微分方程描述：

$$M\ddot{x} + C\dot{x} + Kx = f(t) \tag{6-1}$$

式中，$f(t)$ 为 N 维激振向量；x、$\dot{x}$、$\ddot{x}$ 分别为 N 维位移、速度和加速度响应向量；M、K、C 分别为结构的质量、刚度和阻尼矩阵，通常为实对称 N 阶矩阵。

　　设系统的初始状态为零，对式（6-1）两边进行拉普拉斯变换，可以得到以复数 s 为变量的矩阵代数方程：

$$[Ms^2 + Cs + K]x(s) = F(s) \tag{6-2}$$

令

$$Z(s) = [Ms^2 + Cs + K] \qquad (6-3)$$

其反映了系统动态特性,称为系统动态矩阵或广义阻抗矩阵。其逆矩阵

$$H(s) = [Ms^2 + Cs + K]^{-1} \qquad (6-4)$$

称为广义导纳矩阵,也就是传递函数矩阵。由式(6-2)可知:

$$X(s) = H(s)F(\omega) \qquad (6-5)$$

在上式中令 $s = \mathrm{j}\omega$,即可得到系统在频域中输出信号和输入信号的关系:

$$X(\omega) = H(\omega)F(\omega) \qquad (6-6)$$

式中, $H(\omega)$ 为频率响应函数矩阵。当 $H(\omega)$ 矩阵中第 i 行第 j 列的元素

$$H_{ij}(\omega) = \frac{X_i(\omega)}{F_j(\omega)} \qquad (6-7)$$

等于仅在 j 坐标激振(其余坐标激振为零)时, i 坐标响应与激振力之比。

在式(6-3)中,令 $s = \mathrm{j}\omega$ 可得阻抗矩阵:

$$Z(\omega) = (K - \omega^2 M) + \mathrm{j}\omega C \qquad (6-8)$$

利用实际对称矩阵的加权正交性,有

$$\boldsymbol{\Phi}^{\mathrm{T}} \boldsymbol{M} \boldsymbol{\Phi} = \begin{bmatrix} \ddots & & \\ & m_r & \\ & & \ddots \end{bmatrix}, \quad \boldsymbol{\Phi}^{\mathrm{T}} \boldsymbol{K} \boldsymbol{\Phi} = \begin{bmatrix} \ddots & & \\ & k_r & \\ & & \ddots \end{bmatrix}$$

式中,矩阵 $\boldsymbol{\Phi} = [\phi_1, \phi_2, \cdots, \phi_N]$ 称为振型矩阵,假设阻尼矩阵 $\boldsymbol{C}$ 也满足振型正交性关系。

$$\boldsymbol{\Phi}^{\mathrm{T}} \boldsymbol{C} \boldsymbol{\Phi} = \begin{bmatrix} \ddots & & \\ & c_r & \\ & & \ddots \end{bmatrix}$$

代入式(6-8)得到:

$$Z(\omega) = (\boldsymbol{\Phi}^{\mathrm{T}})^{-1} \begin{bmatrix} \ddots & & \\ & z_r & \\ & & \ddots \end{bmatrix} \boldsymbol{\Phi}^{-1} \qquad (6-9)$$

式中,

$$z_r = (k_r - \omega^2 m_r) + j\omega c_r$$

且

$$\boldsymbol{H}(\omega) = \boldsymbol{Z}(\omega)^{-1} = \boldsymbol{\Phi}^{-1} \begin{bmatrix} \ddots & & \\ & z_r & \\ & & \ddots \end{bmatrix} \boldsymbol{\Phi}^{\mathrm{T}}$$

因此有

$$H_{ij}(\omega) = \sum_{r=1}^{N} \frac{\phi_{ri}\phi_{rj}}{m_r[(\omega_r^2 - \omega^2) + j2\xi_r\omega_r\omega]} \qquad (6-10)$$

式(6-10)中,$\omega_r^2 = \dfrac{k_r}{m_r}$,$\xi_r = \dfrac{c_r}{2m_r\omega_r}$,$m_r$、$k_r$ 分别为第 r 阶模态质量和模态刚度(又称为广义质量和广义刚度),ξ_r、$\boldsymbol{\phi}_r$ 分别为模态阻尼比和模态振型。

不难发现,N 自由度系统的频率响应等于 N 个单自由度系统频率响应的线形叠加。为了确定全部模态参数 m_r、ξ_r、$\boldsymbol{\phi}_r(r=1, 2, \cdots, N)$,只需测量频率响应矩阵的一列[对应一点激振,各点测量的 $\boldsymbol{H}(\omega)$]或一行[对应依次各点激振,一点测量的 $\boldsymbol{H}(\omega)$]就够了。

模态分析或模态参数识别的任务就是通过一定频段内的实测频率响应函数数据确定系统的模态参数,包括模态频率 ω_r、模态阻尼比 ξ_r 和振型 $\boldsymbol{\phi}_r = (\phi_{r1}, \phi_{r2}, \cdots, \phi_{rN})^{\mathrm{T}}$,$r=1, 2, 3, \cdots, N$($N$ 为系统在测试频段内的模态数)。

6.1.3 实验前准备

1) 激励方法

进行模态分析首先要测得激振力及相应的响应信号,并进行传递函数分析,也称为频响函数分析。传递函数分析实质上就是机械导纳,i 和 j 两点之间的传递函数表示在 j 点作用单位力时,在 i 点所引起的响应。要得到 i 和 j 点之间的传递导纳,只需要在 j 点加一个频率为 ω 的正弦的力信号激振,并在 i 点测量其引起的响应,就可得到计算传递函数曲线上的一个点。如果它是连续变化的,那么分别测得其相应的响应就可以得到传递函数曲线。

下一步为建立结构模型,采用适当的方法进行模态拟合,得到各阶模态参数和相应的模态振型动画,形象地描述出系统的振动形态。

根据模态分析的原理,我们需要测得传递函数模态矩阵中的任一行或任一列,为此可采用不同的测试方法。得到矩阵中的任一行需采用各点轮流激励、一点响应的方法,而得到矩阵中任一列需采用一点激励、多点测量响应的方法。实际应用中多采用单击激振法,常用锤击法激振,它适用于结构较为轻小、阻尼不大的情况。对于笨重、大型及阻尼较大的系统,则常用固定点激振的方法,用激振器激励以提供足够的能量。

实际应用中的另一种方法是单点拾振法,它适用于由于结构过于巨大和笨重而使得单点激振时不能提供足够能量的情况,以激励出我们感兴趣的模态。此外,当在结构同一频率有多个模态存在时,单点激振法不能把它们分离出来,这时就需要采用多点激振的方法,采用两个甚至更多的激励来激发结构的振动。

2) 结构安装方式

明确在测试中使结构系统处于什么状态是试验准备工作的一个重要方面。

一种经常采用的测试状态是自由状态,即使试验对象在任一坐标上都不与地面相连接,自由地悬浮在空中,如放在很软的泡沫塑料上,或用很长的柔索将结构吊起而在水平方向激振等,此时可认为其在水平方向处于自由状态。另一种测试状态是地面支承状态,其结构上有一点或若干点与地面固结。

如果我们所关心的是实际情况支承条件下的模态,则可在实际支承条件下进行实验,但最好还是以自由支承为佳,因为自由状态具有更多的自由度。

6.1.4 实验步骤

1) 模型及测点的确定

简支梁长(X 方向)600 mm,宽(Y 方向)56 mm,厚(Z 方向)8 mm。对简支梁来说,梁的厚度方向和宽度方向相对于平面方向尺寸相差较大,因此在此处我们可以将简支梁简化成一个平面结构,仅在 X 方向布置测点,并进行模态实验。在软件的实验模态界面中建立 XY 方向的平面模型,X 方向为 600 mm,Y 方向为 56 mm,将 Z 方向作为激励和响应振动方向。测点数目视要得到的模态的阶数而定。测点数目要多于所要求的阶数,这样得出的高阶模态结果才可信。此处考虑要获得简支梁的 4 阶模态,我们将模型等分成 16 段,如图 6-2 所示。

由于简支梁的特性为两端固定,因此在确定实际测点时,模型两端的点不作为测点考虑;同时,考虑到梁的平面固定因素,梁在受力时,各截面的整体受力大小和方向是相同的,因此可以把等分的各个截面的两个点作为一个测点来考虑。综上所述,在该简支梁上我们共确定 15 个测点。

将简支梁进行 16 等分,并在梁上按图 6-2 的设计要求分别标上测点号。

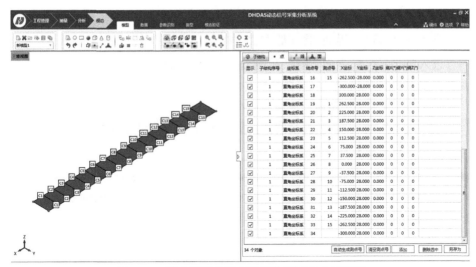

图 6-2 简支梁的结构示意图和测点分布示意图

2）模态实验方法

本次模态实验采用模态实验方法中的单点拾振法，即使用一把力锤和一个加速度传感器来完成模态实验。选取拾振点时要尽量避免使拾振点在模态振型的节点上，此处将拾振点取在 6 号点处，即将加速度传感器安装在梁的 6 号测点。使用力锤依次从第 1 测点到第 15 测点进行敲击，获得 15 个测点的频响曲线，然后进行模态参数识别，获得梁的模态。

（1）系统连接。

系统连接如图 6-1 所示，把力锤（已安装力传感器）输出线接到数据采集仪的 1-1 通道，加速度传感器安放在简支梁第 6 测点，输出信号接到 1-2 通道。

（2）参数设置。

打开仪器电源，打开 DHDAS 软件，连接成功后，进入软件的工程管理界面新建一个工程文件（工程文件名自定）。进入测量界面，在"测量"—"参数设置"界面中，设置采样频率为 2 kHz，同时设置通道的量程、传感器的灵敏度及工程单位，将加速度传感器接入通道的输入方式设为 IEPE，力锤所接入通道的输入方式设为 IEPE。

力传感器本身为电荷输出型，单独使用时需要先接入电荷调理器才能接入数据采集仪。当力传感器与力锤组合后，由于力锤内置有 IEPE 转换器，因此力锤输出信号为电压，软件中输入方式选择 IEPE 即可。在输入力锤的灵敏度时，注意检验证书上给出的分别是力传感器和 IEPE 转换的灵敏度，应将 2 个值相乘后得到力锤的灵敏度,单位为 mV/N。

进入"存储规则"界面,将存储方式选择为连续存储。

进入"信号处理"界面,选择"频响分析",点击"新建"按钮,进行频响分析的参数设置,具体设置如图 6-3 所示。

图 6-3 频响分析参数设置界面

其中,储存方式设为触发。频响分析是软件的一个功能模块,在该处选择触发表示为从连续采集的原始数据中获取满足触发条件的数据。触发方式默认为信号触发。触发通道选择 AI1-1,即力锤所接入的通道。触发量级可以选择 10%,表示当系统测得力锤敲击的力信号大于所设置量程的 10% 时,频响分析达到触发条件,从而获取数据。此处需进行多次预测试,根据实际测量情况选择合适的力信号量程。延迟点数选择负延迟 200 点。分析点数选择 2 048,该参数的大小会影响频响曲线中的频率分辨率,可根据实际测试情况调整。平均方式选择线性平均;平均次数为 10 次,表示取 10 次频响数据进行平均处理得到该测点最终的频响曲线。若测试时间允许,则可以再多进行几次取平均,以期获得更好的频响曲线。频响类型设为 H1。数据过滤规则选择手动确认/滤除。输入通道添加为 AI1-1,测点号为 1,方向为 Z+。输出通道添加为 AI1-2,测点号为 6,方向为 Z+。设置完毕后进入测量界面。

进入"图形区设计"界面,点击 4 次"2D 图谱"图标,新建 4 个 2D 图谱窗口,再返回"测量"界面。如图 6-4 所示,将 4 个"2D 图谱"显示的信号分别选择为 AI1-1 力信号、AI1-2 加速度信号、频响曲线、相干曲线进行显示。可以在"图形区设计"界面中选择"数字表"图标,用数字表来显示平均次数的值。

3) 预采样

在示波状态下,用力锤敲击各个测点,观察有无波形。如果通道无波形或波

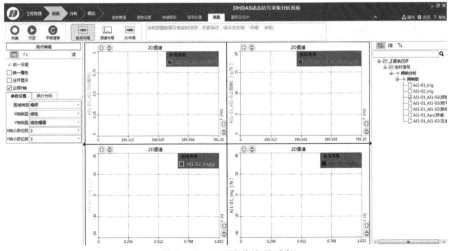

图 6 - 4　2D 图谱信号选择

形不正常,则检查仪器是否连接正确、导线是否接通、传感器和仪器的工作是否正常等,直至波形正确为止。使用适当的敲击力敲击各测点,并调节量程直到力的波形和响应的波形既不过载也不过小。该操作主要为观察时间信号是否正常。若软件出现保存提示,请不要保存数据。

4) 正式采样

点击"采集"按钮,新建测试文件,可将文件命名为"1",表示从第一个测点开始采集数据。传感器分布如图 6 - 5 所示。

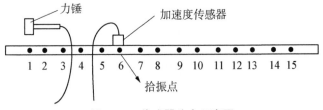

图 6 - 5　传感器分布示意图

用力锤敲击简支梁第 1 测点,就可看到力信号、加速度信号的时域波形以及相应的频响曲线、相干曲线,同时系统会提示是否保存数据,表明已完成一次信号触发。若敲击后未出现提示,则表明敲击力度不够,系统未能进行信号触发采集,应加大敲击力度。单击"是"后,系统进入第二次等待触发的状态,继续进行第一测点的敲击并获得第二次触发的频响曲线。如此重复直至系统完成 10 次信号触发采集后即完成第一测点的频响曲线的采集。点击"停止"按钮,完成第一个测点的采集。

力锤敲击梁时应干净利落,不要对梁造成多次连击,否则会导致频响曲线变差。"手动确认/滤除"打开后,软件在每次敲击采集数据后均会提示是否保存该次试验数据,此时需要学生判断敲击信号和响应信号的质量。判断原则为力锤信号无连击,振动信号无过载。

完成第 1 测点的采集后,单击"测点编辑"按钮,将力锤通道的测点号改为"2",如图 6-6 所示。对系统进行平衡清零操作,单击"采集"按钮,新建测试文件,文件名为"2",系统进入等待触发状态。将力锤移动至简支梁的第 2 测点进行敲击,重复上述操作,并获取第 2 测点的频响曲线。

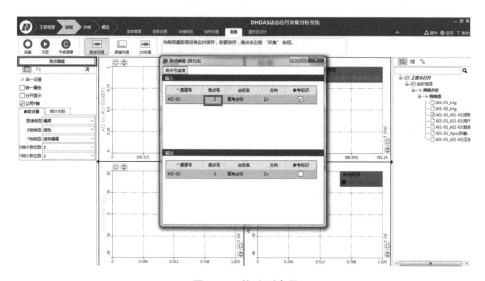

图 6-6　修改测点号

依次完成第 3 测点至第 15 测点的频响曲线采集,方法同上。请同学们认真操作,避免出错。

5) 模态分析

(1) 几何建模和测点匹配。

完成所有测点的频响曲线采集后,进入软件"模态"界面,单击" "图标,自动创建矩形模型。输入模型的长度参数 600、宽度参数 56、长度分段数 16、宽度分段数 1。单击"确定"按钮完成模型创建,并单击" "图标,显示模型的节点。选中模型,单击" "标签,根据模型节点与实际测试时的测点情况进行节点与测点的匹配,结果如图 6-2 所示。

（2）导入频响曲线数据。

进入"数据"界面，先确认实验方法为"测力法"及"单点拾振法"。在界面左侧勾选"单点拾振"项，点击"添加"按钮，所测试的数据将显示在右侧，如图 6－7所示。

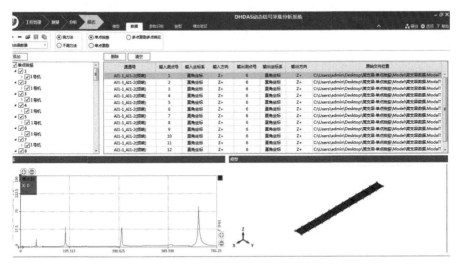

图 6－7　数据导入

（3）参数识别。

进入"参数识别"界面，确认识别方法为 PolyLSCF。在"选择频段"中，用两根竖向光标将所需分析的频率段包含在内（注意：左边的竖向光标需移动到最左边 0 值位置），用鼠标上下移动横向光标，确定节点数（节点数大于 4）并识别频响曲线中的峰值后，出现红点标记，如图 6－8 所示。

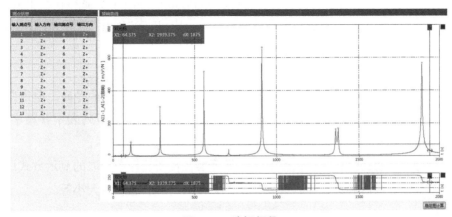

图 6－8　选择频段

单击"稳态图计算"按钮计算稳定图并进入"稳态图"界面。界面中可查看已计算的稳态图,稳态图中的 s、v 分别表示三种模态参数全部稳定(每个参数都处在给定的精度范围之内)及频率和模态参与因子稳定。移动鼠标至 s 比较多的频率点上,可在下方查看对应鼠标位置的极点信息。单击鼠标左键可选择对应极点(每个频率只需选择一个极点),并显示在左侧极点列表中,如图 6-9 所示。

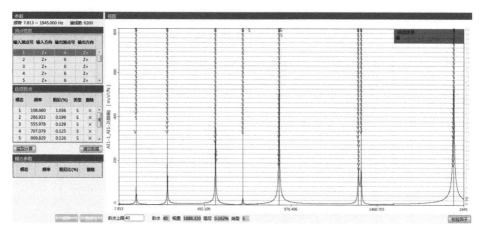

图 6-9 稳态图及极点选择

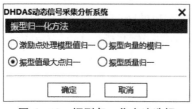

图 6-10 振型归一化方法选择

极点选择完毕后,单击"振型计算"按钮,弹出归一化设置方法,如图 6-10 所示。采用默认的"振型值最大点归一"方法,单击"确定"按钮完成计算,结果显示在左下方模态参数列表中,单击"保存"按钮,保存模态结果。

(4) 振型显示。

模态参数计算完毕后,单击"振型"标签进入振型动画显示界面。单击"动画"按钮,显示对应模态参数文件下各阶模态振型,移动鼠标至列表中各频率点上,单击鼠标左键可直接显示对应振型,如图 6-11 各分图所示。

使用相应按钮可以进行动画控制,如更换在视图选择中选取的显示方式(包括单视图、多模态和三视图),改变显示色彩方式、振幅、速度和大小等。

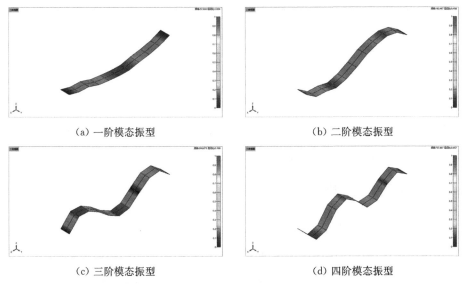

（a）一阶模态振型　　　　　　　　　（b）二阶模态振型

（c）三阶模态振型　　　　　　　　　（d）四阶模态振型

图 6‑11　前四阶振型

（5）模态置信矩阵（MAC）模态验证。

进入"模态验证"界面，点击 MAC 按钮，查看对应模态参数文件下的 MAC 图，如图 6‑12 所示。

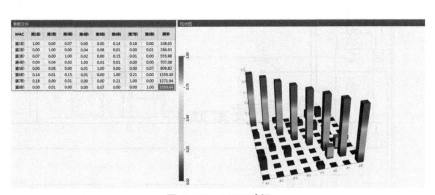

图 6‑12　MAC 验证

（6）振型输出。

单击"输出视频文件 "或"输出图像文件 "按钮，弹出对话框，输入文件存储路径、文件名，单击"保存"按钮，可将振型输出为 AVI 格式的动画或图片。

6.1.5　实验数据处理

在表 6‑1 中记录模态参数，并给出各阶模态振型图。

表 6-1　各阶模态参数

模态参数	第一阶	第二阶	第三阶	第四阶
频率/Hz				
阻尼比				

6.1.6　思考与讨论

除了本实验中给出的模态测试方法,还有哪些方法可用于模态测试?

6.2　振动测试与控制实验

6.2.1　实验设备

如图 6-13 所示,本实验所用的设备是一套振动测试与控制实验系统,由振动测试与控制实验台、激振与测振系统、动态采集分析系统组成。

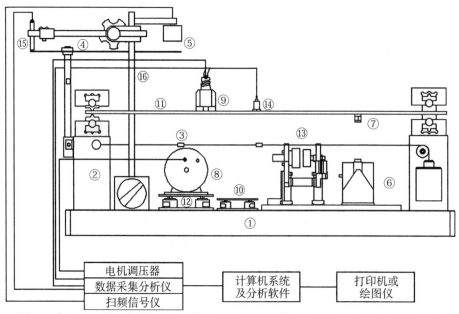

1—底座;2—支座;3—三自由度系统;4—薄壁圆盘;5—非接触式激振器;6—接触式激振器;7—力传感器;
8—偏心电机;9—磁电速度传感器;10—被动隔振系统;11—简支梁/悬臂梁;12—主动隔振系统;
13—单/双自由度系统;14—压电式加速度传感器;15—电涡流位移传感器;16—磁性表座。

图 6-13　设备示意图

振动测试与控制实验台弹性体系统由简支梁/悬臂梁、薄壁圆盘、单/双自由度系统、三自由度系统模型组成,配以主动隔振、被动隔振用的空气阻尼减振器、动力吸振器等。

激振系统包括 DH1301 型扫频信号发生器、DH40020 型接触式激振器、DH41002 型非接触式激振器、偏心电机、调压器及力锤等。测振系统包括 2D002 型磁电速度传感器、1A110E 型压电式加速度传感器（IEPE 型）、5E102 型电涡流位移传感器、力传感器（同力锤的力传感器）等。

动态采集分析系统包括信号适调器、数据采集分析仪、计算机系统等。

6.2.2　实验原理

振动测试与控制实验的实验原理同模态测试实验的实验原理，具体见 6.1.2 节。

6.2.3　实验前准备

任何产品的研制生产都离不开振动实验，在可靠性实验、环境应力筛选（ESS）和环境实验中，振动实验都是不可或缺的项目。

环境实验在产品研制和生产的不同阶段具有不同的目的和用途。在研制阶段，它用于激发和揭示产品的设计工艺缺陷，为产品设计人员改进设计、提高产品环境适应性和可靠性提供信息；在飞行器首飞和定型阶段，它用于初步验证或验证产品的环境适应性和可靠性是否满足规定的要求，为产品定型提供决策依据；在批量生产阶段，开展 ESS 和例行实验剔除早期故障，或验证批生产的产品是否还保持应有的环境适应性和可靠性，可为批生产产品的验收提供决策依据。在这些实验中，振动实验均是必须进行的实验项目。

振动实验的环境条件一般包括频率、振动量值和振动持续时间。对正弦振动来说，振动量值用振幅（低频段）和加速度（高频段）分别表示；对随机振动来说，振动量值一般用功率谱密度和加速度均方根值表示。根据振动实验的具体目的，可将考核或验证受试产品功能和性能在振动应力作用下和作用后是否满足规定要求的振动实验称为振动功能实验，将考核或验证受试产品的结构在振动应力作用下和作用后是否仍保持完整而不被破坏的实验称为振动耐久实验。振动功能实验在受试产品处于工作状态时施加应力，并检测其功能和性能，以确定其是否满足规定的要求；振动耐久实验中在施加振动应力时，受试产品处于非工作状态，也不检测其功能和性能，而是在振动结束以后才对其结构进行检查，并检测其功能和性能是否满足要求。典型的振动类型及其振源如表 6-2 所示。

表 6-2　典型的振动类型及振源

振动类型		振源
正弦振动(定频、扫频)		由产品的旋转运动、脉动和各种平台(飞机、飞行器、车辆、船舶)的振荡产生
宽带和窄带随机振动		由喷气发动机和火箭发动机工作,车辆在不平的路面上行驶,飞行器边界层湍流等产生
混合型	宽带随机加正弦	同时具备上述 2 种振源的产品,如直升机和装备有炮的平台(如装有机炮的飞机和车辆)
	宽带随机加窄带随机	同时具备上述 2 种振源的产品,如涡轮螺旋桨飞机和履带式车辆

6.2.4　实验步骤

1) 激振系统的使用

(1) DH1301 型扫频信号发生器。

DH1301 型扫频信号发生器配有功率放大的正弦激振信号源,可推动 DH40020 型接触式激振器或 DH41002 型非接触式激振器。先将 DH1301 的信号源接通电源,并使其处于关闭状态。用激振器信号输入线把激振器与 DH1301 后端的功率输出接线柱相连,再打开电源开关,设置一个自定义的正弦定频信号,使仪器进入正常工作状态。相关技术指标如表 6-3 所示。

表 6-3　DH1301 型扫频信号发生器技术指标

频率范围:0.1~999 Hz
谐波失真:<1%
最大输出功率:60 W
输出峰值电流:5.5 A
输出信号类型:正弦定频、正弦扫频、对数扫频及随机信号

(2) DH40020 型接触式激振器。

激振器与被测物体用顶杆可靠连接。用激振器信号输入线把激振器与 DH1301 后端的功率输出接线柱相连,打开 DH1301 电源开关,设置一个自定义的正弦定频信号,即可驱动激振器实现对试件的激振。

注意:在安装和紧固激振器的顶杆时,应将激振器的连接处先用工具固定后再紧固顶杆,否则会损坏激振器,使其无法正常工作。相关技术指标如表 6-4 所示。

表 6 - 4   DH40020 型接触式激振器

激振频率范围:6～5 000 Hz
最大激振力:20 N
最大行程:±4 mm
功能特点:接触式激励
激励方式:由信号源设定

(3) DH41002 非接触式激振器。

将非接触式激振器安装在磁性表座上,根据被测激振件的刚度大小调节激振器与被测激振件的初始间隙。用激振器信号输入线把激振器与 DH1301 后端的功率输出接线柱相连,打开 DH1301 电源开关,设置一个自定义的正弦定频信号,即可驱动激振器实现对试件的激振。在做实验时,还应根据各阶固有频率的高低随时调节激振器与被测激振件的间隙,使之不会互相碰撞。相关技术指标如表 6 - 5 所示。

表 6 - 5   DH41002 型非接触式激振器

最大激振频率范围:10～10 000 Hz
最大激振力:2 N
安装间隙:1～10 mm
功能特点:非接触式激励
激励方式:由信号源设定

(4) 偏心电机和调压器。

单相串激整流子电机适用于为单相直流电源供电,其转速随负载或电源电压的变化而变化。本实验采用改变电源电压的方法来调节电机的转速,使电机转速可在 0～8 000 r/min 的范围内进行调节。转速的改变使电机偏心质量的离心惯性力的大小和频率发生改变,利用偏心质量的离心惯性力即可实现对试件的激振。

注意:调压器断电后,必须将调压器旋钮指示调回零位,以免在下次通电时,通电瞬间产生浪涌而损坏调压器。

2) 测试系统的使用

(1) 数据采集分析仪。

将仪器与传感器通过适调器或连接线连接,接上电源,启动仪器,安装 USB 驱动(若为以太网口,则跳过),打开软件进行信号采样等操作。

(2) 2D002 型磁电速度传感器。

利用传感器底座的螺钉或磁力座将 2D002 型磁电速度传感器安装在被测振动体上,其外壳随振动体而振动。位于气隙间的线圈切割磁力线,发出正比于振动速度的电势。该电势由导线输入分析仪并进行放大,可测量振动速度。输入方式选择 AC。

(3) 1A110E 型压电式加速度传感器(IEPE 型)。

将 IEPE 加速度传感器用信号线接入数据采集分析仪的振动测试通道,将该通道的输入方式选择为 IEPE,输入 IEPE 加速度传感器的灵敏度,选择合适的量程即可测量振动加速度。相关技术指标如表 6-6 所示。

表 6-6   1A110E 型加速度传感器(IEPE 型)

频率范围:0.5 Hz~7 kHz
传感器灵敏度:5 mV/(m/s^2)
量程:0~1 000 m/s^2
工作温度:-40~120 ℃

(4) 5E102 型电涡流位移传感器。

将电涡流位移传感器探头对准被测金属表面(金属需为导磁材料),探头与金属表面的距离应调整到传感器探头所要求的安装间距。将电涡流位移传感器探头尾端线缆接到专用的前置器上,用专用的连接线连接采集仪和电涡流传感器的前置器,输入电涡流位移传感器的灵敏度,输入方式选择 SIN_DC 即可测量位移。相关技术指标如表 6-7 所示。

表 6-7   5E102 型电涡流位移传感器

频率范围:0~10 kHz
传感器灵敏度:5.0 V/mm
量程:-1~1 mm

3) 振动的实现

表 6-8 是 GJB 150A—2009《军用装备实验室环境试验方法》第 16 部分"振动试验"中规定的直升机的振动环境(一般区域),尝试用适当的程序和配件实现该环境。

表 6-8   直升机的振动环境(一般区域)

振源频率(f_x)范围/Hz	在 f_x 处的加速度峰值(A)·g
3~10	$\dfrac{0.70}{10.70 - f_x}$
10~25	$0.10 \cdot f_x$

（续表）

振源频率(f_x)范围/Hz	在 f_x 处的加速度峰值(A)・g
25～40	2.50
40～50	$6.50 - 0.10 \cdot f_x$
50～500	1.50

6.2.5　思考与讨论

简述本实验接触到的 3 种加速度传感器的工作原理和优缺点。

7　虚拟仿真实验

　　航空航天专业虚拟仿真实验的主要目的是介绍航空航天仿真系统及软件，学习要点包括 2 部分实验内容：通过对圆柱绕流问题的仿真学习空气动力学模拟软件的操作；通过对飞行器相关参数的设计与仿真了解飞行器概念设计阶段的基本流程，学会空气动力学相关参数的仿真与验证方法，为后续的专业课程学习打下基础。

7.1　圆柱绕流仿真实验

7.1.1　实验原理

　　在流体力学中，圆柱绕流是一种基本而复杂的流动，包括流动的分离及漩涡的生成、脱落和相互干扰等问题。"航空航天实验"课程中有专门的实验研究圆柱表面压力分布及尾流。本实验需要使用计算流体动力学分析软件 XFlow 对这一问题就行仿真和研究。

　　XFlow 是一款计算流体动力学的模拟软件，它是基于无网格/格子玻尔兹曼方法(lattice Boltzmann method，LBM)，用介观模型来模拟流体宏观行为的一种动力学方法，该软件的主要特点是易于使用、无需网格、高效并行、边界条件处理简单、模拟精确。

7.1.2　实验步骤

　　使用 XFlow 进行仿真实验，分为新建(导入)模型、环境配置、流体介质设定、仿真参数设定、数据处理与保存等步骤。

　　1) 新建(导入)模型

　　如图 7 - 1 所示，打开 XFlow 2020x 软件，点击主菜单"文件"按钮，选择"新项目"新建项目,也可以打开已经创建的三维模型 STP 文件,点击"几何"按钮,在下拉菜单中选择"输入新几何"进行选择。

图 7 - 1　新建项目

本实验模拟"航空航天实验Ⅰ"课程中圆柱绕流实物测试实验,选择"几何"—"创建对象"—"圆柱",在跳出的参数窗口(见图 7 - 2)中选择模型的位置、方向、大小和角度等信息,参数按照实验设施依次输入半径 8,高度 0.1,方向沿 XFlow 中模拟风洞的 Z 轴(方向:$X=00$;$Y=00$;$Z=00$),其余参数可不调整,点击"创建"完成设置。

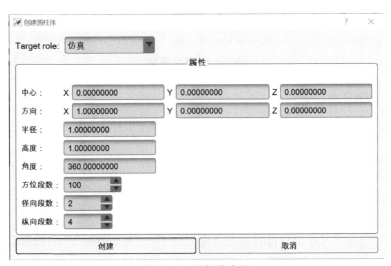

图 7 - 2　圆柱体参数

2) 环境配置

如图 7 - 3 所示,实验中引擎选择"3d",流动模式选择与实际测试一致的"Single phase",分析类型和传热模型为默认选项。

风洞大小软件默认是"12、4、6",可根据硬件实际和仿真情况适当调整。风速沿 X 轴设置为 30 m/s(约为实际实验风洞电机 100%转速时的风速),其他参数保持默认值。在实验过程中,风速和其他参数可以调节对比。

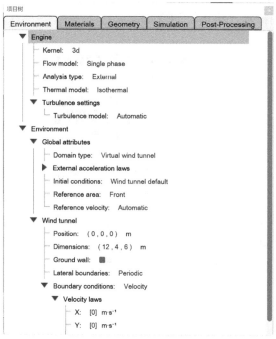

图 7-3 环境配置

3）流体介质设定

软件"Material"选项卡里默认为空气的参数，可不做调整。

4）仿真参数设定

"Simulation"选项卡里最重要的参数是"Simulation time"和"Resolved scale"，这两个参数涉及模拟运算的时间和精度，需要根据预计的运算时间和仿真结果调整到合适大小。

设定完成后可点击软件界面左下角"运行"—"开始计算"开启计算。如遇预计时间过长等问题，可及时终止，调整参数后重新计算。

5）数据处理与保存

如图 7-4、图 7-5 所示，在"Post-Processing"选项卡里可对仿真结果进行添加切面、等值面、流线和传感器等操作，拖动软件底部的时间轴可以查看不同时间状态，点击▶可看动态图。

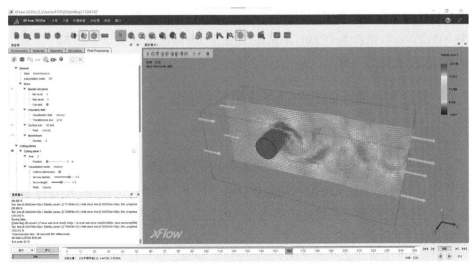

图 7-4　圆柱绕流仿真

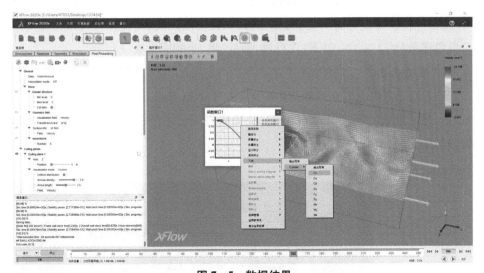

图 7-5　数据结果

软件默认显示速度场，还可查看静压场、总压场等效果。调出函数窗口，可分析升力系数、阻力系数等、模拟分析的文件、数据、动画均可导出。

7.1.3　思考与讨论

（1）在圆柱绕流问题中，调低来流速度（如 20 m/s、12 m/s 等）会有什么变化？

（2）"航空航天实验 I"课程中另有一个实验是测试不同攻角的 NACA2412

翼型机翼的升阻力系数,请利用 XFlow 软件进行模拟计算。(相关参数如下:翼型 NACA2412,弦长为 20 cm,来流速度为 30 m/s,在常温常压下模拟 0°、10°、20°攻角的升、阻力系数。)

7.2 创意飞机的绘制与气动学虚拟仿真实验

7.2.1 实验原理

飞机设计前期的概念设计阶段常常会对空气动力学外形进行快速评估和迭代优化。本次实验需要使用气动分析软件 XFLR5 绘制飞机模型,并对模型进行气动分析,以掌握飞机设计中常用的几何和空气动力学参数,并通过调节相关参数优化飞机气动外形。

7.2.2 实验步骤

XFLR5 是一款功能强大的机翼模拟分析工具,它基于升力线法、涡格法和 3D 元法进行机翼设计分析,为机翼分析、机翼模拟提供了快速解决方案,尤其适合低雷诺数(约 1×10^6 以下)飞行器,即低、慢、小的固定翼飞行器。

1)翼型分析

(1)打开 XFLR5,在"File"菜单中点击"Direct Foil Design",窗口如图 7-6 所示。显示默认的翼型"Spline foil",去掉翼型列表中"Show"复选框中的"√",将该翼型隐藏。

图 7-6 翼型设计打开界面

（2）在"Foil"菜单中选择"Naca Foils"，弹出一个翼型选择对话框其中，"4 or 5 digits"的意思是四位或五位翼型，输入"0015"，"Number of Panels"为确定翼型轮廓线的点的数目，保持"100"不变，点击"OK"确定，效果如图 7 - 7。

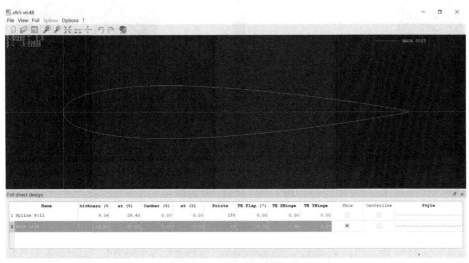

图 7 - 7　翼型绘制界面

（3）在"File"菜单中选择"X Foil Direct Analysis"进入翼型分析，点击"OpPointview"打开"操纵点视图"，这个窗口显示的是压力分布曲线（C_p vs $\dfrac{x}{c}$，C_p 为压力，$\dfrac{x}{c}$ 为沿弦长方向的位置，即曲线表示不同位置处对应的压力值）和翼型的形状（在下方）。

（4）点击"Analysis"菜单中的"Define an Analysis"，"Analysis Type"选择"Type 1"，即雷诺数和马赫数使用给定值。将"Reynolds"设为 100 000，"Mach"设为 0，这意味着非常低的马赫数。在"Analysis Name"中，可以使用"Automatic"和"User Defined"两种方式，如图 7 - 8 所示。

（5）点击"OK"进行分析。在右边的窗口中将"α"设置为"4°"，点击"Analyse"分析可以得到如图 7 - 9 的结果。图中有两条曲线，分别为翼型上表面压力和下表面压力。从图中可以看出，上表面的压力曲线到了约 0.7 的弦长位置时，负压强变为正压强，因为在其附近位置气流发生了分离，甚至倒流。当将"α"设为"0°"时，分析后只得到一条曲线，这是因为 NACA0015 是对称翼型，上下表面的压强曲线相同而重合。

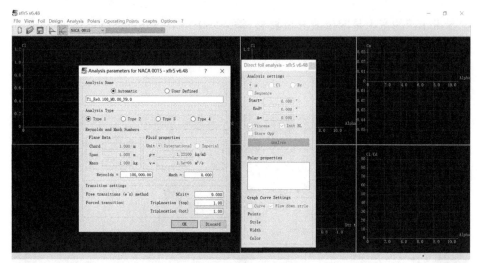

图7-8　翼型分析界面

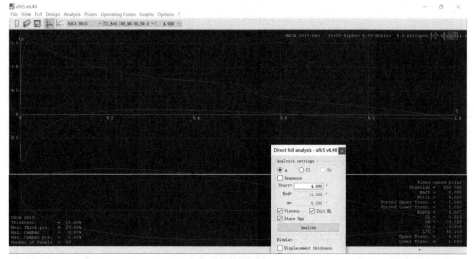

图7-9　翼型分析结果界面

（6）点击"Polar view"图标，在右边的窗口勾选"Sequence"复选框，将攻角范围设置为"-4°"到"15°"，间隔"Δ"设为"0.5°"，点击"Analyse"，显示如图7-10所示。最大"Cl"为5，对应"α"为12°。

（7）"Variables""Scales""Axis and Grids""Fonts and BackGround"等可选做研究，实验中也可以设置其他攻角等参数进行观察。

（8）在进行翼型批量分析前，预先计算好所设计飞机的气动参数。点击

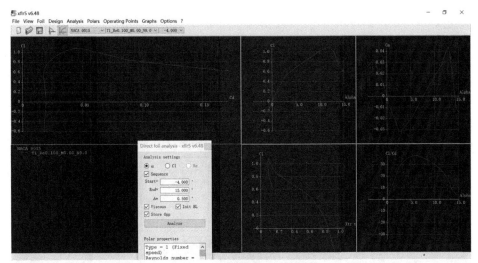

图 7 - 10　翼型分析结果组图

"Analysis"—"Batch Analysis","Max"值推荐在 1 000 000 到 2 000 000 之间选择,点击"Analysis",如图 7 - 11 所示。

图 7 - 11　翼型批量分析界面

(9) 完成后点击"Close",结果如图 7 - 12 所示。

2) 创意飞机设计

(1) 点击"File"—"Wing and Plane Design"进入飞机绘制界面,点击"Plane"—"Define a New Plane"进行机身和机翼的定义,如图 7 - 13 所示。

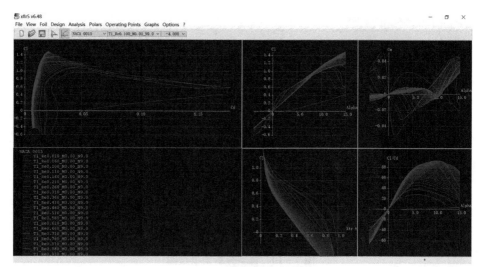

图 7 - 12　翼型批量分析结果

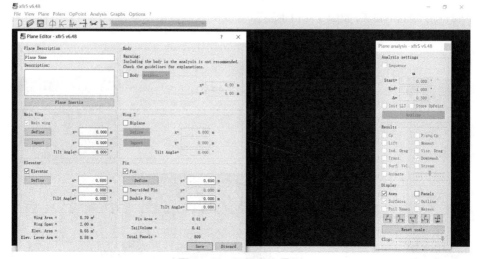

图 7 - 13　飞机定义界面

（2）点击"Main Wing"下方的"Define"，如图 7 - 14 所示。

（3）调节不同参数可绘制出各种形状的机翼，如图 7 - 15 所示。

（4）定义"Elevator"和"Fin"，绘制机身，点击"Body"—"Actions-Edit"进入机身绘制界面（见图 7 - 16），选取"Frame Position"区域的点，可在图上进行任意拖动。颜色、涂装和横截面积等可在此窗口修改。

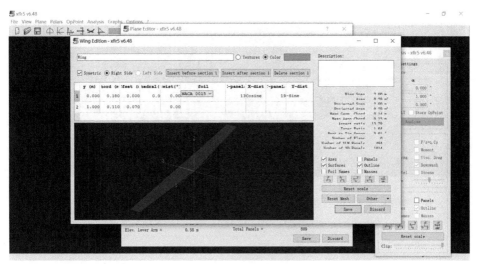

图 7 - 14　机翼设计界面

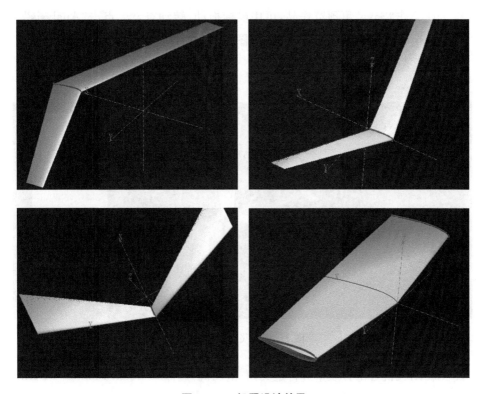

图 7 - 15　机翼设计效果

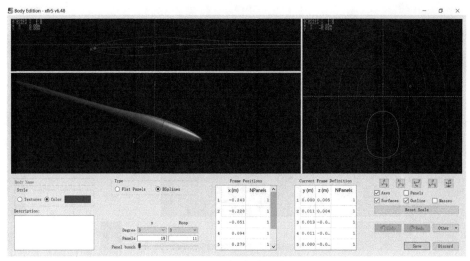

图 7-16　机身绘制界面

（5）点击"Save"可预览作品，可用鼠标拖动、转动查看。点击"Analysis"—
"Define an Analysis"进行气动分析，如图 7-17 所示。

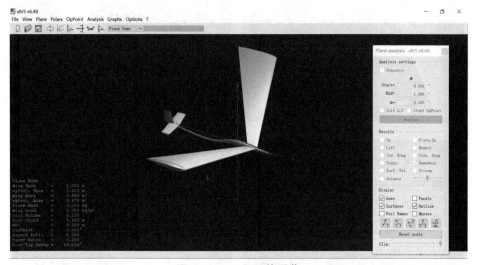

图 7-17　飞机总体预览

（6）对飞机各部分质量进行定义，右击飞机，选择"Current Plane"—"Define
Intertia"，如图 7-18 所示。

（7）在窗口内设置各部分质量，点击"Analysis"，完成后如图 7-19 所示。

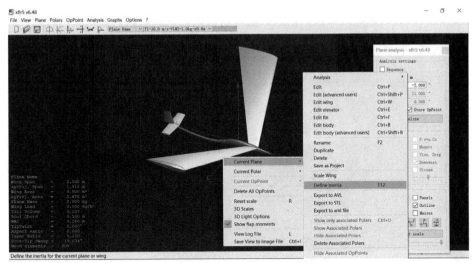

图 7‐18　飞机质量定义

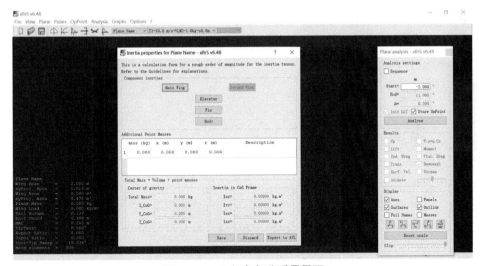

图 7‐19　飞机各部分质量界面

（8）在"Result"区域可选择不同复选框进行飞机空气压力分布、阻力/升力分布、尾流等模拟分析查看，如图 7‐20 所示。

7.2.3　思考与讨论

在飞机设计过程中，我们定义了各个部件的外形、位置和质量，思考还有哪些影响气动分析的因素没有被定义？

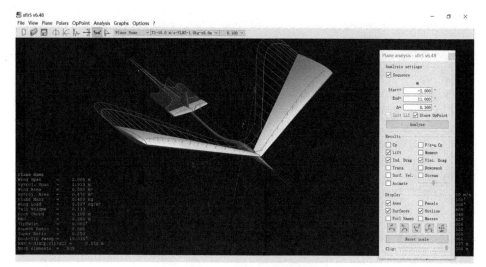

图 7 - 20　飞机气动模拟效果图